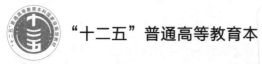 "十二五"普通高等教育本

U0185095

 新世纪土木工程系列教材

结构稳定理论

（第2版）

主　编　周绪红

副主编　郑　宏　石　宇

高等教育出版社·北京

内容提要

本书是"十二五"普通高等教育本科国家级规划教材,是新世纪土木工程系列教材之一,在第 1 版的基础上结合新规范、新标准修订而成。

本书紧密结合钢结构课程所涉及的结构稳定问题,介绍了结构稳定理论的基本原理和计算临界荷载的常用方法。全书共 9 章,主要内容包括结构稳定问题概述、结构稳定计算的能量法、轴心受压杆件的整体稳定、杆件的扭转与梁的弯扭屈曲、受压杆件的扭转屈曲与弯扭屈曲、压弯杆件在弯矩作用平面内的稳定、刚架的稳定、拱的平面内屈曲及薄板的屈曲。

本书可作为高等学校土木工程专业高年级本科生及相关专业研究生教材,也可供相关专业教师和工程技术人员参考。

图书在版编目(C I P)数据

结构稳定理论／周绪红主编. --2 版. --北京:高等教育出版社,2022.3
ISBN 978 - 7 - 04 - 057756 - 3

Ⅰ.①结… Ⅱ.①周… Ⅲ.①结构稳定性-理论-高等学校-教材 Ⅳ.①TU311.2

中国版本图书馆 CIP 数据核字(2022)第 019672 号

JIEGOU WENDING LILUN

策划编辑	葛 心	责任编辑	葛 心	封面设计	姜 磊	版式设计	杨 树
插图绘制	黄云燕	责任校对	胡美萍	责任印制	朱 琦		

出版发行	高等教育出版社	网 址	http://www.hep.edu.cn
社 址	北京市西城区德外大街 4 号		http://www.hep.com.cn
邮政编码	100120	网上订购	http://www.hepmall.com.cn
印 刷	河北新华第一印刷有限责任公司		http://www.hepmall.com
开 本	787mm×960mm 1/16		http://www.hepmall.cn
印 张	10.5	版 次	2010 年 11 月第 1 版
字 数	150 千字		2022 年 3 月第 2 版
购书热线	010-58581118	印 次	2022 年 3 月第 1 次印刷
咨询电话	400-810-0598	定 价	23.80 元

本书如有缺页、倒页、脱页等质量问题,请到所购图书销售部门联系调换
版权所有 侵权必究
物料号 57756-00

结构稳定理论
(第2版)

1　计算机访问http://abook.hep.com.cn/1250142，或手机扫描二维码、下载并安装Abook应用。

2　注册并登录，进入"我的课程"。

3　输入封底数字课程账号（20位密码，刮开涂层可见），或通过Abook应用扫描封底数字课程账号二维码，完成课程绑定。

4　单击"进入课程"按钮，开始本数字课程的学习。

Abook

结构稳定理论
(第2版)

结构稳定理论（第2版）数字课程与纸质教材一体化设计，紧密配合。数字课程配置丰富的数字资源，内容涵盖教学课件、动画、工程案例、课后习题答案等，充分运用多种形式媒体资源，极大地丰富了知识的呈现形式，拓展了教材内容。

用户名：　　密码：　　验证码：　　2692　忘记密码？　登录　注册　记住我(30天内免登录)

课程绑定后一年为数字课程使用有效期。受硬件限制，部分内容无法在手机端显示，请按提示通过计算机访问学习。

如有使用问题，请发邮件至abook@hep.com.cn。

失稳案例分析

梁的弯扭失稳

扫描二维码
下载Abook应用

http://abook.hep.com.cn/1250142

出版者的话

根据 1998 年教育部颁布的《普通高等学校本科专业目录(1998 年)》,我社从 1999 年开始进行土木工程专业系列教材的策划工作,并于 2000 年成立了由具丰富教学经验、有较高学术水平和学术声望的教师组成的"高等教育出版社土建类教材编委会",组织出版了新世纪土木工程系列教材,以适应当时"大土木"背景下的专业、课程教学改革需求。系列教材推出以来,几经修订,陆续完善,较好地满足了土木工程专业人才培养目标对课程教学的需求,对我国高校土木工程专业拓宽之后的人才培养和课程教学质量的提高起到了积极的推动作用,教学适用性良好,深受广大师生欢迎。至今,共出版 37 本,其中 22 本纳入普通高等教育"十一五"国家级规划教材,10 本纳入"十二五"普通高等教育本科国家级规划教材,5 本被评为普通高等教育精品教材,2 本获首届全国教材建设奖,若干本获省市级优秀教材奖。

2020 年,教育部颁布了新修订的《普通高等学校本科专业目录(2020 年版)》。新的专业目录中,土木类在原有土木工程,建筑环境与能源应用工程,给排水科学与工程,建筑电气与智能化等 4 个专业及城市地下空间工程和道路桥梁与渡河工程 2 个特设专业的基础上,增加了铁道工程,智能建造,土木、水利与海洋工程,土木、水利与交通工程,城市水系统工程等 5 个特设专业。

为了更好地帮助各高等学校根据新的专业目录对土木工程专业进行设置和调整,利于其人才培养,与时俱进,编委会决定,根据新的专业目录精神对本系列教材进行重新审视,并予以调整和修订。进行这一工作的指导思想是:

一、紧密结合人才培养模式和课程体系改革,适应新专业目录指导下的土木工程专业教学需求。

二、加强专业核心课程与专业方向课程的有机沟通,用系统的观点和方法优化课程体系结构。具体如，在体系上，将既有的一个系列整合为三个系列，即专业核心课程教材系列、专业方向课程教材系列和专业教学辅助教材系列。在内容上，对内容经典、符合新的专业设置要求的课程教材继续完善；对因新的专业设置要求变化而必须对内容、结构进行调整的课程教材着手修订。同时，跟踪已推出系列教材使用情况，以适时进行修订和完善。

三、各门课程教材要具有与本门学科发展相适应的学科水平，以科技进步和社会发展的最新成果充实、更新教材内容，贯彻理论联系实际的原则。

四、要正确处理继承、借鉴和创新的关系，不能简单地以传统和现代划线，决定取舍，而应根据教学需求取舍。继承、借鉴历史和国外的经验，注意研究结合我国的现实情况，择善而从，消化创新。

五、随着高新技术、特别是数字化和网络技术的发展，在本系列教材建设中，要充分考虑纸质教材与多种形式媒体资源的一体化设计，发挥综合媒体在教学中的优势，提高教学质量与效率。在开发研制数字化教学资源时，要充分借鉴和利用精品课程建设、精品资源共享课建设和一流本科课程尤其是线上一流本科课程建设的优质课程教学资源，要注意纸质教材与数字化资源的结合，明确二者之间的关系是相辅相成、相互补充的。

六、融入课程思政元素，发挥课程育人作用。要在教材中把马克思主义立场观点方法的教育与科学精神的培养结合起来，提高学生正确认识问题、分析问题和解决问题的能力。要注重强化学生工程伦理教育，培养学生精益求精的大国工匠精神，激发学生科技报国的家国情怀和使命担当。

七、坚持质量第一。图书是特殊的商品，教材是特殊的图书。教材质量的优劣直接影响教学质量和教学秩序，最终影响学校人才培养的质量。教材不仅具有传播知识、服务教育、积累文化的功能，也是沟通作者、编辑、读者的桥梁，一定程度上还代表着国家学术文化或学校教学、科研水平。因此，遴选作者、审定教材、贯彻国家标准和规范等方面需严格把关。

为此，编委会在原系列教材的基础上，研究提出了符合新专业目录要求的新的土木工程专业系列教材的选题及其基本内容与编审或修订原则，并推荐作者。希望通过我们的努力，可以为新专业目录指导下的土木工程专业学生提供一套经过整合优化的比较系统的专业系列教材，以期为我国的土木工程专业教材建设贡献自己的一份力量。

　　本系列教材的编写和修订都经过了编委会的审阅,以求教材质量更臻完善。如有疏漏之处,恳请读者批评指正!

高等教育出版社

高等教育工科出版事业部

力学土建分社

2021 年 10 月 1 日

新世纪土木工程系列教材

第 2 版前言

稳定问题是工程结构安全面临的重要问题,而钢结构稳定问题尤为突出,掌握钢结构的稳定理论是学好钢结构的重要基础。钢结构失稳事故常常带有突然性,甚至造成重大经济损失或人员伤亡,保障钢结构的安全是结构工程师和相关管理人员必须担当的基本社会责任。

本书针对钢结构所涉及的结构稳定问题,简明扼要地介绍了结构稳定理论的基本原理和常用的临界荷载计算方法。本书第 1 版于 2010 年 11 月出版,自出版以来,受到广大读者的欢迎。这次修订在保持原作特点和风格的基础上,主要做了以下工作:

(1) 增加了拱的平面内屈曲章节,作为桥梁钢结构稳定的基础知识。

(2) 依据修订后的设计标准,对相关内容进行了相应的修订。

(3) 为适应新媒体、新技术在教学中的应用,增加了与教材配套的教学课件、钢结构失稳案例、动画视频、课后习题答案等数字资源。

全书共分 9 章,其中第 1~5 章由重庆大学周绪红编写,第 6、7、9 章由长安大学郑宏编写,第 8 章由重庆大学石宇编写。全书由周绪红统稿。本书承蒙同济大学李国强教授审阅,在此表示衷心的感谢。

在本书修订过程中,得到高等教育出版社和重庆大学的大力支持,吸纳了使用本书的兄弟院校、工程界同行的宝贵意见和建议,在此一并表示衷心感谢。

编　者
2021 年 10 月

第 1 版前言

"结构稳定理论"课程是土木工程专业本科教学中的一门专业基础课,是"钢结构"专业课的先修课程。"结构稳定理论"课程难度较大、学时较少,又由于较多地涉及抽象的力学理论,使学生难学、老师难教,如何教好这门课程是编者多年探索的问题。本书是编者根据多年教学经验,在讲义的基础上逐步精炼修改而成的,是一本适合高等学校建筑工程、交通土建专业高年级本科生的教材,也可作为相关专业研究生、教师和工程技术人员的参考书。

本书具有以下两个特点:

(1) 不追求全面系统地介绍结构稳定理论,而是紧密结合钢结构课程所涉及的结构稳定问题,有针对性地介绍结构稳定理论的基本原理和常用的临界荷载计算方法,使读者在后续钢结构课程学习中能够准确理解钢结构稳定设计理论和设计公式的来龙去脉。与其他结构稳定理论著作相比较,本书舍弃了一些复杂的、与钢结构课程不直接相关的内容,使读者能在有限的学时内构建起结构稳定理论的知识结构。

(2) 尽量以材料力学、结构力学和弹性力学基本知识为基础,深入浅出地分析钢结构的屈曲现象和屈曲特性,探索采用简单的方法解决问题,避免复杂的力学理论,使读者容易理解和接受。

全书共分8章,主要内容包括结构稳定问题概述、结构稳定计算的能量法、轴心受压杆件的整体稳定、杆件的扭转与梁的弯扭屈曲、受压杆件的扭转屈曲与弯扭屈曲、压弯杆件在弯矩作用平面内的稳定、刚架的稳定及薄板的屈曲。其中,第1~5章由兰州大学周绪红执笔,第6~8章由长安大学郑宏执笔。全书由周绪红统稿。

在本书编写过程中,引用了大量的参考文献。湖南大学贺拥军教授对书稿提出了宝贵意见。在此,谨向所有文献作者和贺拥军教授表示衷心的感谢!

由于编者水平所限,书中难免存在缺点和不足,诚请读者批评指正。

编 者

2010 年 4 月

目　　录

第1章
结构稳定问题概述

第 1 章
教学课件

1.1 引言

钢结构因其优良的性能被广泛地应用于多高层建筑、工业厂房、大跨度结构、高耸构筑物、轻型钢结构和桥梁结构等。由于钢材的强度高,所制成的构件比较细长、板件比较宽薄,容易发生整体失稳或局部失稳,因此稳定问题是钢结构的突出问题。

因稳定问题处理不当造成的重大事故时有发生。1907 年,加拿大圣劳伦斯河上的魁北克桥,在用悬臂法架设桥的中跨桥架时,由于悬臂的受压下弦失稳,导致桥架倒塌,19 000 t 钢结构全部坠入河中,桥上施工人员 75 人罹难。美国康涅狄格州

失稳案例分析

哈特福德市一座体育馆于 1971 年开始施工,1975 年建成。其屋盖采用网架结构,平面尺寸 91.44 m×109.73 m。该屋盖在 1978 年 1 月 18 日的一场暴风雪中突然坍塌,事故的原因是边界处的十字形截面上弦杆失稳。在我国,也发生了一些钢框架、门式刚架、钢网架、钢桁架、输电塔等钢结构失稳破坏的事故。2020 年 3 月 7 日,福建省泉州市欣佳酒店所在建筑物发生坍塌事故,造成 29 人死亡、42 人受伤,直接经济损失 5 794 万元。事故的主要原因是,建筑物由原四层违法增加夹层改建成七层,引发底层钢柱失稳破坏,导致建筑物整体坍塌。

由此可见,钢结构的稳定设计不好,将会导致钢结构的失稳破坏或重大事故,不仅会造成严重的经济损失,还会造成人员的伤亡。

钢结构的稳定问题是钢结构设计中必须解决的重要问题,学习和掌握结构稳定理论及其设计方法,对保证钢结构设计的安全性至关重要。

1.2   结构稳定问题及其分类

　　为了理解结构稳定问题的概念,可用刚性球在曲面上的稳定性来说明。将一个刚性球分别放在三个不同的曲面上,表示三种不同性质的平衡状态,如图1.1所示。图1.1a所示的球在一个凹面的底部处于平衡状态,如果有一侧向扰动力使球偏离底部(图中虚线球位置),当撤去侧向扰动力后,球在重力作用下,经过摆动仍恢复到原来的平衡位置,则这种平衡状态是稳定的平衡状态。图1.1b所示的球在一个平面上处于平衡状态,如果有侧向扰动力使球偏离原来的平衡位置,当撤去扰动力后,球体不再回到原来的平衡位置,而是停留在一个新的平衡位置(图中虚线球位置),这种推到何处就停在何处的状态称为随遇平衡状态或中性平衡状态。图1.1c所示的球在凸面顶点处于平衡状态,如果有一侧向扰动力使球偏离顶点(图中虚线球位置),撤去侧向扰动力后,球不仅不能恢复到顶点,反而沿着凸面继续滚动,远离原来的平衡位置,因此这种平衡状态是不稳定的平衡状态。

(a) 稳定平衡　　　　　　　(b) 随遇平衡(中性平衡)　　　　　　(c) 不稳定平衡

图 1.1   刚体的平衡状态

　　上述现象与说明,有助于理解轴心压杆的稳定问题。假定图1.2所示受压杆件两端铰支、荷载作用于形心轴(即轴心受压)、杆轴线沿杆长完全平直、横截面双轴对称且沿杆长均匀不变、杆件内无初应力、材料符合胡克定律。一般说来,实际杆件很难满足上述假定,因此称符合上述假定的压杆为理想压杆,理想轴心压杆的稳定问题是最基本的结构稳定问题。当轴向荷载较小时,杆件只产生轴向压缩变形,杆件仍然保持平直的直线平衡状态,此时若给杆件施加一微小扰动水平力,使杆件发生微小弯曲,当取消这一扰动后,杆件将恢复到原来的直线平衡状态,因此平衡状态是稳定的(图1.2a)。当逐渐加大轴向荷载达到某一值 F_{cr} 时,施加微小的扰动水平力使杆件发生弯曲,当取消这一扰动后,杆件仍然保持微弯状态而不再恢复到原来的直线平衡状态,此平衡状态是随遇的,称为随遇平衡状态或中性平衡状态(图1.2b)。由此可见,在轴向荷载达到 F_{cr} 时,杆件除存在直线平衡状态外,还存在微弯曲平衡状态,这种现象称为"平衡分支"现象。当轴向荷载超过 F_{cr} 时,微小的扰动将使杆件产生很大的弯曲变形,从而导致杆件破坏,此时的直线平衡状态是不稳定的,这种现象称为杆件的弯曲屈曲或弯曲失稳。弯曲失稳是杆件丧失整体稳定的一种形式。杆件弯曲失稳时,杆件由直线平衡形式变为弯曲平衡形式,这种失稳前后平衡形式发生变化的失稳现象称为丧失了第一类稳定,也可称为分支点失稳。中性平衡状态是从稳定平衡过渡到不稳定平衡的一种临界状态,发生中性平衡时所施加的轴向荷载 F_{cr} 称为临界荷载或临界力,相应的截面应力称为临界应力 σ_{cr},临界荷载也是保持杆件呈微弯曲状态时的轴向荷载。图1.2c 表示上述理想压杆的轴向荷载 F 与杆件中点的挠度 δ 的关系。当 $F<F_{cr}$ 时,为稳定平衡;当 $F>F_{cr}$ 时,为不稳定平衡;当 $F=F_{cr}$ 时,为中性平衡,出现平衡分支现象。荷载达到临界荷载 F_{cr} 就出现了平衡分支点 A,也就意味着稳定平衡终止,不稳定平衡开始。

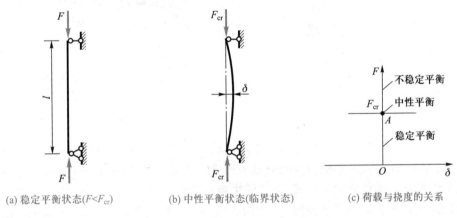

(a) 稳定平衡状态($F<F_{cr}$)　　(b) 中性平衡状态(临界状态)　　(c) 荷载与挠度的关系

图 1.2　轴心压杆的平衡状态

　　丧失第一类稳定的特征是结构在失稳前后的变形产生了性质上的改变,即原来的平衡形式不稳定后,可能出现与原来平衡形式有本质区别的新平衡形式,如理想轴心压杆失稳,杆件由直线平衡形式突然变为弯曲平衡形式,这种改变是突然性的。丧失第一类稳定不只是发生在理想压杆中,在其他结构(如梁、薄板、承受静水压力的圆弧拱、节点承受集中荷载的刚架等)中也可能出现。

　　除上述第一类稳定问题外,还有第二类稳定问题。丧失第二类稳定的特征是结构在失稳前后变形的性质不变,只是原来的变形大大发展直到破坏,不会出现新的变形形式。如图1.3所示,偏心压力 F 作用下的两端铰支偏心压杆,不论 F 为何值,杆件总是同时发生压缩和弯曲变形。当 F 达到临界荷载 F_u 之前,如果荷载不继续增大,则杆件的变形不会增大。当 F 达到临界荷载 F_u 后,即使不增大荷载,甚至减小荷载,变形仍将继续增大直到破坏,但失稳前后杆件弯曲变形的性质始终不变,这种失稳前后变形形式不发生变化的失稳现象称为丧失了第二类稳定。从图 1.3b 中可以看出,A 点为稳定平衡状态过渡到不稳定平衡的临界点,也是极值点,相应的临界荷载 F_u 为偏心压杆的最大承载力,也称为极限荷载或压溃荷载,因此第二类失稳又可称为极值点失稳。

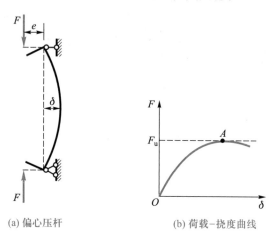

(a) 偏心压杆　　　　　　　(b) 荷载–挠度曲线

图 1.3　极值点失稳

　　实际工程结构中,杆件通常处于压弯状态,存在初弯曲、荷载初偏心、残余应力等缺陷,所以第一类稳定问题只是一种理想情况,实际结构中并不存在。尽管如此,与第二类稳定问题比较,由于解决第一类稳定问题比较简便,理论也比较成熟,因此很多问题仍然按第一类稳定问题对待,而采用安全系数等方式来考虑初始缺陷等因素的影响。

　　以上两类稳定问题是按照结构或构件在失稳前后变形形式是否发生质变这一观点来划分的。实际上,除了这两类基本稳定问题外,还可按照另外的观点将结构的稳定问题进行分类,在此不再赘述。

1.3　判断平衡的稳定性准则与确定临界荷载的基本方法

　　判断平衡的稳定性通常有三个准则,即静力准则、能量准则和动力准则。稳定计算的主要目的在于确定临界荷载值,对应于静力准则、能量准则和动力准则,有确定临界荷载的静力法、能量法和动力法,分别介绍如下。

1.3.1　静力准则与静力法

　　处于平衡状态的结构体系,受到微小扰动力后,若在体系上产生一指向直线平衡位置的力(正恢复力),当扰动除去后结构恢复到原来的平衡位置,则平衡是稳定的;若产生负恢复力,则平衡是不稳定的;若不产生任何作用力,则体系处于中性平衡,处于中性平衡状态的荷载就是临界荷载,这就是判定体系平衡稳定性的静力准则。对于理想压杆而言,当荷载达到临界荷载时,压杆可能有直线和曲线两种平衡形式,而原来的直线平衡形式是不稳定的。因此,可以在压杆微弯曲的中性平衡状态下建立平衡微分方程来求解临界荷载,这就是静力法,有时也称为平衡法,它是求解结构临界荷载最基本的方法。在一般情况下,采用静力法可以求得临界荷载的精确解。需指出的是,静力法只能求解临界荷载,不能判断结构平衡状态的稳定性。下面以图 1.4 所示两端铰接轴心受压理想直杆来说明静力法的计算原理。

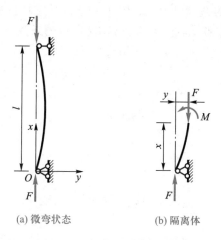

(a) 微弯状态　　　　　(b) 隔离体

图 1.4　两端铰接的轴心压杆

当荷载达到临界荷载($F = F_{cr}$)时,压杆会突然弯曲,由原来的直线平衡状态转变到微弯的曲线平衡状态(图 1.4a)。此时杆件除弯曲外,还受压缩及剪切作用,由于压缩和剪切的影响很小,一般忽略不计,则任一截面(图 1.4b)内力矩与外力矩的平衡关系为

$$M = Fy \tag{1.1}$$

在图 1.4b 的微弯曲状态下,压杆的近似平衡微分方程为

$$-EIy'' = M \tag{1.2}$$

即

$$EIy'' + Fy = 0 \tag{1.3}$$

式中,E 为材料弹性模量;I 为杆件截面惯性矩。设 $\alpha^2 = F/(EI)$,式(1.3)为一常系数齐次线性微分方程

$$y'' + \alpha^2 y = 0 \tag{1.4}$$

其通解为

$$y = C_1 \sin \alpha x + C_2 \cos \alpha x \tag{1.5}$$

式中,任意常数 C_1 和 C_2 可由杆件的边界条件确定。两端铰接杆件的边界条件包括

$$\left. \begin{array}{l} x = 0 \text{ 时}, \quad y = 0 \\ x = l \text{ 时}, \quad y = 0 \end{array} \right\} \tag{1.6}$$

将边界条件式(1.6)代入式(1.5),得如下齐次方程组

$$\left. \begin{array}{l} C_1 \times 0 + C_2 \times 1 = 0 \\ C_1 \sin \alpha l + C_2 \cos \alpha l = 0 \end{array} \right\} \tag{1.7}$$

当 $C_1 = C_2 = 0$ 时,满足式(1.7),但由式(1.5)知,此时 $y = 0$,表示杆件处于直线平衡状态,不是所研究的微弯曲状态(图 1.4b)。对应杆件曲线平衡状态,要求 $y \neq 0$,即 C_1、C_2 有非零解,为此,要求方程组(1.7)的系数行列式必须等于零,即

$$D(\alpha) = \begin{vmatrix} 0 & 1 \\ \sin \alpha l & \cos \alpha l \end{vmatrix} = 0 \tag{1.8}$$

上式 $D(\alpha) = 0$ 称为稳定特征方程,解得

$$\sin \alpha l = 0 \tag{1.9}$$

则有

$$\alpha l = n\pi \quad (n = 1, 2, 3, \cdots) \tag{1.10}$$

即

$$F = \frac{n^2 \pi^2 EI}{l^2} \tag{1.11}$$

将式(1.11)代入 $\alpha^2 = F/(EI)$ 中,得 $\alpha = n\pi/l$,又从式(1.7)第二式知 $C_2 = 0$,于是由式(1.5)得到相应的挠曲曲线为

$$y = C_1 \sin \frac{n\pi x}{l} \tag{1.12}$$

式中 $n = 1, 2, 3, \cdots$ 表示挠曲曲线的半波数目(图 1.5)。实际上,在式(1.11)中,当 $n = 1$ 时,相对应的临界荷载最小,此时杆件已经失稳,因此 $n = 2, 3, \cdots$ 对应的临界荷载不会再存在。可见,临界荷载是杆件保持中性平衡状态的最小荷载。于是,得到相应的临界荷载和挠曲曲线分别为

$$F_{cr} = \frac{\pi^2 EI}{l^2} \tag{1.13}$$

$$y = C_1 \sin \frac{\pi x}{l} \tag{1.14}$$

式(1.13)通常称为欧拉(Euler)临界荷载。

如果用杆件的横截面面积 A 去除式(1.13),就得到杆件的欧拉临界应力为

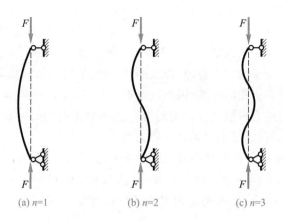

图 1.5 两端铰接轴心受压压杆挠度曲线

$$\sigma_{cr} = \frac{F_{cr}}{A} = \frac{\pi^2 EI}{Al^2} = \frac{\pi^2 E}{(l/i)^2} = \frac{\pi^2 E}{\lambda^2} \qquad (1.15)$$

式中 $I = Ai^2$，i 是截面的回转半径，$\lambda = l/i$ 为杆件的长细比。

采用静力法求临界荷载时，首先假定杆件处于微弯曲中性平衡状态，然后取出隔离体，列出平衡微分方程，求解此方程得到通解。再将边界条件代入通解，得出一组与未知常数数目相等的齐次方程组。齐次方程组有非零解，则令其系数行列式等于零，即 $D=0$，从而解出临界荷载 F_{cr}。因临界荷载 F_{cr} 是由 $D=0$ 解出的，所以 $D=0$ 是稳定的一个准则，通常称为稳定特征方程，或简称为稳定方程。不过，稳定方程一般是超越方程，求解是很麻烦的。

1.3.2 能量准则与能量法

图 1.1 为处于曲面上三种不同位置的刚性球，当球在凹面的底部处于稳定平衡状态时，如果有一侧向扰动力使球偏离底部，则球的重心位置抬高，其势能将增加。当除去侧向扰动力后，球在重力作用下又恢复到原来的平衡位置，因此稳定平衡的势能最小。当球在凸面顶点处于不稳定平衡状态时，如果有一侧向扰动力使球偏离顶点，则球的重心位置降低，其势能将减小。当除去侧向扰动力后，球将远离原来的平衡位置，因此不稳定平衡的势能最大。当球在平面上处于随遇平衡状态时，如果有侧向扰动力使球偏离原来的平衡位置，则对于任何偏离，刚性球的势能并不发生变化。

上述能量特征同样适用于结构体系。结构体系的总势能 $E_p = E_\varepsilon + (-W)$，$E_\varepsilon$ 是体系的内力势能（应变能），$-W$ 是外力势能（W 是外力功）。如果结构体系受微小扰动作用，在初始平衡位置的足够小邻域内发生某一可能变形，则体系的总势能 E_p 存在一个增量 ΔE_p。当 $\Delta E_p > 0$ 时，则总势能是增加的（E_p 为最小值），说明初始平衡位置是稳定的;当 $\Delta E_p < 0$ 时,则总势能是减少的(E_p 为最大值),初始平衡位置不稳定;当 $\Delta E_p = 0$ 时,则总势能 E_p 保持不变,说明初始平衡位置是中性平衡的。这就是判定体系平衡的稳定性的能量准则。

当结构体系处于稳定平衡时,微小的扰动使总势能增加,也就是扰动后应变能的改变大于外力势能的改变,因而扰动取消后,体系内将产生一正恢复力(应变能标志着外力除去后恢复变形的能力),这与静力准则是一致的。由此可见,对于保守系统而言,能量准则等价于静力准则。

根据能量特征分析和能量准则,学者们提出了一系列计算结构临界荷载的能量法,如铁摩辛柯(Timoshenko)能量法、瑞利-里茨(Rayleigh-Ritz)法、迦辽金(Galerkin)法和势能驻值原理等,能量法的详细内容将在第 2 章中介绍。

1.3.3　动力准则与动力法

处于平衡状态的结构体系,受到微小扰动,然后放松,若体系在原平衡位置附近振动,则体系的平衡是稳定的。振动频率将随压力增加而减小,当压力达到某一临界值(临界荷载)时,频率为零且振动无界,则平衡是中性的。这就是判定体系平衡的稳定性的动力准则。为了求得结构体系的临界荷载,假定体系由于扰动在原平衡位置附近作微小自由振动,写出振动方程,并求出其自振频率的表达式,根据体系处于临界状态时频率等于零这一条件确定临界荷载,这就是动力法。

如果力在它作用的任意可能位移上所作的功与力作用点的移动路径无关,只依赖于力移动的起点和终点,则这种力称为保守力。一般情况下,弹性力和重力都是保守力。当考虑摩擦力作用时,由于所作的功与路径有关,就变成非保守力了。如果作用于体系的所有力(荷载和约束力)都是保守的,则该体系就是保守体系。结构工程中发生的稳定问题大多数为保守体系的稳定问题,前述静力法和能量法只适用于保守体系,而动力法是较为一般的求解稳定问题的方法,既可以用于保守体系,也可用于非保守体系。

以下用动力法来求图 1.6 所示轴压力作用下的弹性连接刚性杆件体系的临界荷载。AC 和 BC 是两根刚性链杆,在 C 点相互铰接,铰 C 处有一抵抗转动的弹簧,刚度系数为 R,当 AC 和 BC 在一直线上时弹簧不受力。

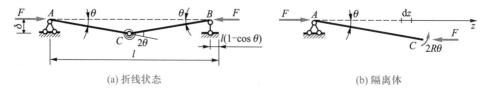

(a) 折线状态　　　　　　　　　　　　　　(b) 隔离体

图 1.6　轴压力作用下的弹性连接刚性杆件体系

假定体系由于扰动在原平衡位置附近作微小自由振动(图 1.6a),取出隔离体(图 1.6b)。设刚性杆的总质量为 m,沿杆长 l 均匀分布,则微段 $\mathrm{d}m = \dfrac{m}{l}\mathrm{d}z$。根据达朗贝尔原理,体系的运动平衡方程为

$$\frac{\mathrm{d}^2\theta}{\mathrm{d}t^2}\int_0^{l/2} z^2\,\frac{m}{l}\mathrm{d}z + 2\theta R - F \times \frac{l}{2}\theta = 0 \tag{1.16}$$

式中,R 为刚度系数,则 $2\theta R$ 为弹簧的抵抗力矩。将式(1.16)第一项积分并整理,得

$$\frac{\mathrm{d}^2\theta}{\mathrm{d}t^2} + \frac{\left(2R - \dfrac{Fl}{2}\right)\theta}{ml^2/24} = 0 \tag{1.17}$$

其一般解为

$$\theta = A\,\cos\,\omega t + B\,\sin\,\omega t \tag{1.18}$$

式中

$$\omega^2 = \left(2R - \frac{Fl}{2}\right)\bigg/\left(\frac{ml^2}{24}\right) \tag{1.19}$$

ω 为体系的固有频率,根据动力准则,令 $\omega = 0$,即 $2R - Fl/2 = 0$,得临界荷载 $F_{\mathrm{cr}} = 4R/l$。

为了比较,也可以采用静力法求得其临界荷载。图 1.6a 所示刚性杆件体系,在折线平衡状态下静力平衡条件为

$$2\theta R - \frac{Fl}{2}\sin\,\theta = 0 \tag{1.20}$$

其解为 $\theta = 0$ 和 $Fl/4R = \theta/\sin\,\theta$,分别表示杆系直线和折线两种平衡形式。

在折线状态下的变形是微小的,则 $\sin\,\theta \approx \theta$,于是得临界荷载为 $F_{\mathrm{cr}} = 4R/l$。由此可见,用动力法和静力法求得的临界荷载完全一致。

1.4　钢结构稳定问题与强度问题的区别

对结构构件,强度计算是基本要求,但是对钢结构构件,稳定问题比强度问题更为重要。强度问题与稳定问题均属结构设计中的承载力极限状态问题,但二者概念不同。强度问题要求结构或构件截面上产生的最大应力不得超过材料的强度极限值。因此,强度问题是某一截面或某一点上的应力问题,按强度计算的承载力取决于截面上的应力和材料的强度;而稳定问题是要找出荷载与结构内部抵抗力之间的不稳定平衡状态(即变形开始急剧增长的状态),并要求避免进入这种状态。稳定问题属于整个结构或构件的变形问题,弹性稳定承载力取决于结构或构件的刚度而不是材料的强度。有时应力很低时,也会发生结构或

构件的失稳。稳定问题有如下几个特点。

（1）稳定问题采用二阶分析

针对未变形的结构来分析其平衡,不考虑变形对外力效应的影响称为一阶分析;针对已变形的结构来分析其平衡,则是二阶分析。一阶分析所得荷载-变形关系是线性的,二阶分析所得荷载-变形关系是非线性的。因此,一阶分析也称为几何线性分析,二阶分析也称为几何非线性分析。强度问题(应力问题)一般只用一阶分析就可以获得足够精确的结果,只有少数特殊结构,如索结构、桅杆结构,因变形对内力影响很大,才需要采用二阶分析。如图 1.7 所示的承受水平荷载的框架,作弯矩图时并没有把因侧移而使竖向约束力产

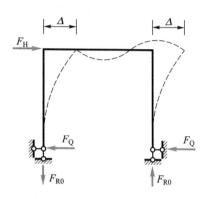

图 1.7　框架内力计算

生的弯矩 $F_{R0}\Delta$ 考虑进去,因而其水平荷载 F_H 与侧移 Δ 呈线性关系。而稳定问题必须以变形后的结构作为计算依据,其荷载-变形关系是非线性的,因此稳定问题必然采用二阶分析。

在稳定问题的二阶分析中,为简化计算,考虑变形是微小的。于是,将截面内力矩 $-EI/\rho$ 进行简化近似。构件的曲率表达式为

$$\frac{1}{\rho} = \frac{y''}{\left[1+\left(y'\right)^2\right]^{\frac{3}{2}}} \tag{1.21}$$

因考虑微小变形,略去 $(y')^2$,故取 $\dfrac{1}{\rho}=y''$,从而使平衡微分方程成为线性方程,这属于结构的线性理论,又称小挠度理论;若采用未简化的曲率式(1.21),所得平衡微分方程是非线性的,相应的理论是非线性理论,又称大挠度理论,也称为三阶分析。

（2）稳定问题不能应用叠加原理

应用叠加原理应满足两个条件:① 材料符合胡克定律,即应力与应变成正比;② 荷载(内力)-变形呈线性关系。换句话说,叠加原理既不适用于物理非线性问题也不适用于几何非线性问题。弹性稳定问题必须采用二阶分析,不满足第二个条件;非弹性稳定问题则两个条件均不满足。因此,叠加原理不适用于稳定问题。如图 1.8 所示结构的稳定计算,不能将 F_1 和 F_2 分别计算后叠加,而应作为整体考虑其总体作用。

（3）稳定问题不必区分静定和超静定结构

对应力问题,静定和超静定结构内力分析方法不同,静定结构的内力分析只

用静力平衡条件即可,超静定结构内力分析则还需增加变形协调条件。在稳定计算中,无论是静定或超静定结构都要针对变形后的位形进行分析,两种结构只是边界条件不同而已。如图 1.9 所示两种构件分别为两端简支构件(图 1.9a)和一端固定一端简支构件(图 1.9b)。如果承受横向荷载,在计算内力时这两种构件分别属于静定梁和超静定梁,计算方法上有很大区别。但是,这两种构件承受轴向压力计算临界荷载时,却可以采用同一平衡微分方程 $EIy^{(4)}+Fy''=0$ 来计算(详见第 3 章),只是在确定通解的待定常数时利用各自不同的边界条件。由此可见,静定和超静定结构的区分对分析稳定问题失去意义。

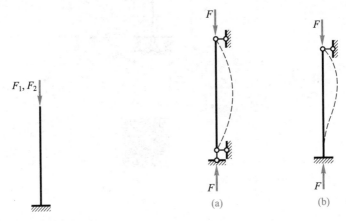

图 1.8　承受两个集中荷载的压杆　　　　　图 1.9　不同支承条件的压杆

习　　题

1.1　试用静力法列出图示压杆的稳定方程,并求临界荷载。

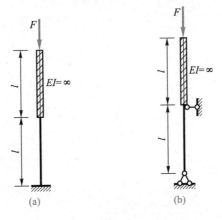

习题 1.1 图

1.2 试分别用静力法和动力法求图示刚性压杆的临界荷载。刚性压杆总质量为 m，沿杆长均匀分布。弹性支座的转动刚度为 R。

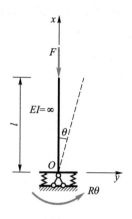

习题 1.2 图

第 1 章
习题答案

第2章

结构稳定计算的能量法

第 2 章
教学课件

2.1 引言

静力法求解构件稳定问题,是通过建立临界状态的平衡微分方程而求出临界荷载的精确解。但是,静力法需要求解微分方程,同时得到的稳定方程又是超越方程,求解十分困难。由于构件截面的变化或受力的复杂性,有时甚至要求解变系数平衡微分方程,往往不能得到闭合解,这就需要采用一些近似方法来求解。稳定计算的近似方法有很多,能量法是最常用的一种,本章将重点介绍能量法。

2.2 铁摩辛柯能量法

能量守恒原理认为,保守体系处于平衡状态时,贮存在结构体系中的应变能等于外力所作的功。用能量守恒原理解决结构弹性稳定问题的方法是铁摩辛柯首先提出的,故又称为铁摩辛柯能量法。

若外力作用的结构体系处于平衡状态(参考状态),当施加微小的扰动力,使其偏离原始平衡位置而产生新的微小位移时,体系应变能增量 ΔE_ε =外荷载作功增量 ΔW +扰动力所作的功。根据能量准则,当 $\Delta E_\varepsilon - \Delta W > 0$ 时,结构体系处于稳定平衡状态;当 $\Delta E_\varepsilon - \Delta W < 0$ 时,结构体系处于不稳定平衡状态;当 $\Delta E_\varepsilon - \Delta W = 0$ 时,结构体系处于从稳定平衡过渡到不稳定平衡的中性平衡状态,相应的荷载为临界荷载。因此,铁摩辛柯能量法计算临界荷载的基本方程为

$$\Delta E_\varepsilon = \Delta W \tag{2.1}$$

下面以图 2.1a 所示两端铰接轴心受压直杆为例来说明铁摩辛柯能量法。

两端铰接轴心受压直杆在中性平衡状态下弯曲后,上端下降 δ,荷载 $F = F_{cr}$。由直线平衡状态过渡到曲线平衡状态过程中所作的功为

$$\Delta W = F\delta \tag{2.2}$$

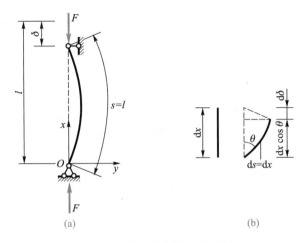

图 2.1   两端铰接的轴心受压直杆

为了计算杆件上端下降量 δ,取杆件的微段 dx 来研究。dx 弯曲后,在弹性曲线上与之对应的微段 ds = dx 仍然可以看成斜直线。设斜直线与铅直线方向的夹角为 θ(图 2.1b),则 ds 沿铅直方向的投影为 dx cos θ,故铅直线方向上微段 dx 弯曲后下降量为

$$d\delta = (1-\cos\theta)dx \tag{2.3}$$

因为 $\cos\theta = 1 - \dfrac{\theta^2}{2!} + \dfrac{\theta^4}{4!} - \cdots$,并考虑到杆件处于微弯状态,$\theta$ 角很小,故可取 $\theta = \tan\theta = \dfrac{dy}{dx} = y'$,当略去高阶微量时,则式(2.3)可写为

$$d\delta = \frac{1}{2}\theta^2 dx = \frac{1}{2}(y')^2 dx \tag{2.4}$$

把上式沿杆长积分,得到杆件上端下降量 δ 为

$$\delta = \int_0^l (1-\cos\theta)dx = \frac{1}{2}\int_0^l (y')^2 dx \tag{2.5}$$

则

$$\Delta W = F\delta = \frac{F}{2}\int_0^l (y')^2 dx \tag{2.6}$$

由材料力学知,杆件由直线平衡状态过渡到曲线平衡状态过程中产生的弯曲应变能增量为

$$\Delta E_\varepsilon = \frac{1}{2}\int_0^l \frac{M^2}{EI}dx \tag{2.7}$$

以 $M = -EIy''$ 代入后,得

$$\Delta E_\varepsilon = \frac{1}{2}\int_0^l EI(y'')^2 \mathrm{d}x \tag{2.8}$$

根据式(2.1),临界荷载的基本方程可表达为

$$\int_0^l EI(y'')^2 \mathrm{d}x = F_{cr}\int_0^l (y')^2 \mathrm{d}x \tag{2.9}$$

求出临界荷载为

$$F_{cr} = \frac{\displaystyle\int_0^l EI(y'')^2 \mathrm{d}x}{\displaystyle\int_0^l (y')^2 \mathrm{d}x} \tag{2.10}$$

式中,$y(x)$是任一可能的挠度曲线,即满足位移边界条件的挠度曲线。几种常用的挠度曲线级数表达式可按表 2.1 采用。

表 2.1 满足位移边界条件的挠度曲线级数表达式

支承情况	挠度曲线级数表达式
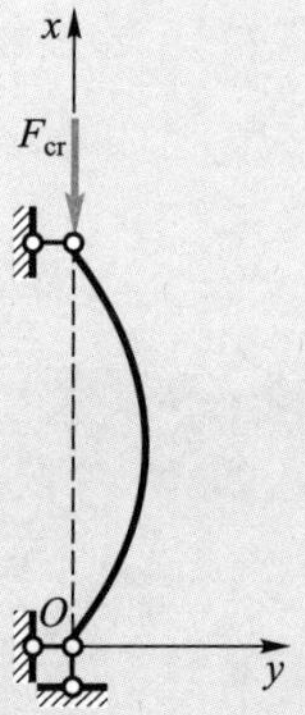	(a) $y = \displaystyle\sum_{i=1}^{n} a_i \sin\frac{i\pi x}{l}$ (b) $y = a_1 x(l-x) + a_2 x^2(l-x) + a_3 x(l-x)^2 + a_4 x^2(l-x)^2 + \cdots$
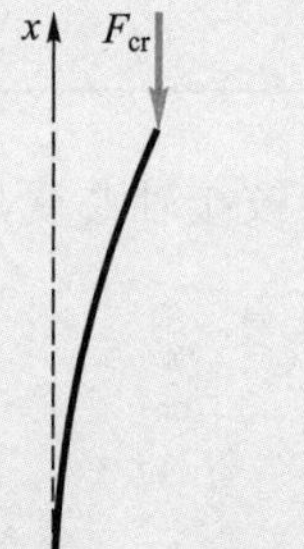	$y = \displaystyle\sum_{i=1}^{n} a_i \left[1 - \cos\frac{(2i-1)\pi x}{2l}\right]$

支承情况	挠度曲线级数表达式
	(a) $y = \sum\limits_{i=1}^{n} a_i \left[1 - \cos \dfrac{2(2i-1)\pi x}{l} \right]$ (b) $y = \sum\limits_{i=1}^{n} a_i x^{i+1} (l-x)^{i+1}$
	$y = \sum\limits_{i=1}^{n} a_i x^{i+1} (l-x)$

【例 2.1】 试采用铁摩辛柯能量法来求图 2.1a 所示两端铰接轴心受压直杆的临界荷载。

【解 1】 假定 $y = A\sin \dfrac{\pi x}{l}$，此式满足

位移边界条件 $y(0) = 0$, $y(l) = 0$

力学边界条件 $y''(0) = 0$, $y''(l) = 0$

将 $y = A\sin \dfrac{\pi x}{l}$ 代入式 (2.6)、式 (2.8) 中，得

$$\Delta W = \frac{A^2 \pi^2 F}{2l^2} \int_0^l \cos^2\left(\frac{\pi x}{l}\right) \mathrm{d}x = \frac{A^2 \pi^2 F}{4l}$$

$$\Delta E_\varepsilon = \frac{A^2 \pi^4 EI}{2l^4} \int_0^l \sin^2\left(\frac{\pi x}{l}\right) \mathrm{d}x = \frac{A^2 \pi^4 EI}{4l^3}$$

令 $\Delta W = \Delta E_\varepsilon$，得

$$F_{cr} = F_E = \frac{\pi^2 EI}{l^2}$$

所得结果与精确值 F_E 完全一致，这是因为所假定的函数 y 完全正确之故。

采用能量法的精度取决于位移函数 y 的选择，选择越合理，则精度越高。若假定的 $y(x)$ 是正确的，则得到精确解。由于正确的 y 事先并不知道，故一般只能得到近似解。选择位移函数应考虑三点：其一，形状合理；其二，尽可能满足几何、力学边界条件，至少满足几何边界条件；其三，易积分，便于计算，如选用多项式和三角函数。

【解 2】 假设 $y = a + bx + cx^2$，由位移边界条件 $y(0) = 0$，得 $a = 0$；由 $y(l) = 0$，得 $b = -cl$。因此 $y = c(x^2 - xl)$。

上式满足位移边界条件，但不满足杆端弯矩为零的力学边界条件。因为 $y'' = 2c \neq 0$。代入式(2.6)和式(2.8)中，得

$$\Delta W = \frac{F}{2} \int_0^l c^2 (2x - l)^2 \mathrm{d}x = \frac{Fc^2 l^3}{6}$$

$$\Delta E_\varepsilon = 2EIc^2 l$$

令 $\Delta E_\varepsilon = \Delta W$，解代数方程得

$$F_{cr} = \frac{12EI}{l^2}$$

比精确解 $F_E = \dfrac{\pi^2 EI}{l^2}$ 大 21.7%。

用能量法求解所得 F_{cr} 较精确值高，这是由于假定的曲线不是真实曲线，相当于增加了约束。

【解 3】 仍假定 $y = c(x^2 - xl)$，则

$$M = Fy = Fc(x^2 - xl)$$

$$\Delta W = \frac{F}{2} \int_0^l c^2 (2x - l)^2 \mathrm{d}x = \frac{Fc^2 l^3}{6}$$

现改用式(2.7)计算应变能增量

$$\Delta E_\varepsilon = \frac{1}{2} \int_0^l \frac{F^2 c^2 (x^2 - xl)^2}{EI} \mathrm{d}x = \frac{F^2 c^2 l^5}{60EI}$$

由 $\Delta W = \Delta E_\varepsilon$ 得 $F_{cr} = \dfrac{10EI}{l^2}$，比精确解仅大 1.4%。虽然选择的位移函数相同，但

结果比解 2 的精度高。由于假定的 $y(x)$ 不是真实的屈曲挠度曲线,则 y'' 的误差比 y 引起的误差更大,故用式 (2.7) 求 ΔE_ε 比用式 (2.8) 求 ΔE_ε 精度高。若假定的 $y(x)$ 是真实的屈曲挠度曲线,则两个公式计算的结果就完全一样。通常采用式 (2.8) 计算比较简单,但误差比式 (2.7) 的大。

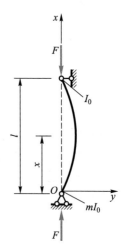

【例 2.2】 图 2.2 所示一两端简支的变截面轴心压杆。设顶端截面惯性矩为 I_0,底端截面惯性矩为 mI_0,中间截面惯性矩的值按直线变化。试用铁摩辛柯能量法求其临界荷载。

【解】 设中性平衡时的挠度曲线为

$$y(x) = a_1 \sin \frac{\pi x}{l} + a_2 \sin \frac{2\pi x}{l}$$

截面 x 处的惯性矩为

$$I_x = I_0\left(m - \frac{m-1}{l}x\right)$$

图 2.2 两端简支的
变截面轴心压杆

应变能增量为

$$\Delta E_\varepsilon = \frac{1}{2}\int_0^l EI_x (y'')^2 \mathrm{d}x$$

$$= \frac{1}{2}\int_0^l EI_0\left(m - \frac{m-1}{l}x\right)\frac{\pi^4}{l^4}\left(a_1 \sin \frac{\pi x}{l} + 4a_2 \sin \frac{2\pi x}{l}\right)^2 \mathrm{d}x$$

$$= EI_0 \frac{\pi^4}{l^4}\left[\frac{a_1^2}{8}(m+1)l + \frac{32}{9\pi^2}a_1 a_2 (m-1)l + 2a_2^2(m+1)l\right]$$

外力功增量为

$$\Delta W = \frac{F}{2}\int_0^l (y')^2 \mathrm{d}x = \frac{F}{2}\int_0^l \frac{\pi^2}{l^2}\left(a_1 \cos \frac{\pi x}{l} + 2a_2 \cos \frac{2\pi x}{l}\right)^2 \mathrm{d}x$$

$$= \frac{\pi^2 F}{l}\left(\frac{a_1^2}{4} + a_2^2\right)$$

令 $\Delta E_\varepsilon = \Delta W$,得

$$F = \frac{\pi^2 EI}{l^2}\,\frac{(m+1)\dfrac{a_1^2}{8} + \dfrac{32}{9\pi^2}a_1 a_2 (m-1) + 2a_2^2(m+1)}{\dfrac{a_1^2}{4} + a_2^2}$$

注意,当假设的挠度函数包含多个待定参数时,不能由上式直接确定临界荷

载。为了使临界荷载 F_{cr} 最小，应满足 $\dfrac{\partial F}{\partial a_1}=0$ 和 $\dfrac{\partial F}{\partial a_2}=0$，于是得到

$$\frac{\partial F}{\partial a_1}=\left(\frac{\pi^2 EI_0}{l^2}\times\frac{m+1}{4}-\frac{F}{2}\right)a_1+\frac{32EI_0}{9l^2}(m-1)a_2=0$$

$$\frac{\partial F}{\partial a_2}=\frac{32EI_0}{9l^2}(m-1)a_1+\left[\frac{4\pi^2 EI_0}{l^2}(m+1)-2F\right]a_2=0$$

参数 a_1、a_2 不同时为零的条件是其系数行列式为零，于是得

$$\begin{vmatrix}\dfrac{\pi^2 EI_0}{l^2}\times\dfrac{m+1}{4}-\dfrac{F}{2} & \dfrac{32EI_0}{9l^2}(m-1)\\[3mm]\dfrac{32EI_0}{9l^2}(m-1) & \dfrac{4\pi^2 EI_0}{l^2}(m+1)-2F\end{vmatrix}=0$$

展开行列式，整理后得到

$$F^2-\frac{5}{2}\frac{\pi^2 EI_0}{l^2}(m+1)F+\left(\frac{\pi^2 EI_0}{l^2}\right)^2\left[(m+1)^2-\left(\frac{32}{9\pi^2}\right)^2(m-1)^2\right]=0$$

求解上式得 F 值的最小根，即临界荷载为

$$F_{\mathrm{cr}}=\frac{1}{2}\frac{\pi^2 EI_0}{l^2}\left[\frac{5}{2}(m+1)-\sqrt{\frac{9}{4}(m+1)^2+\left(\frac{64}{9\pi^2}\right)^2(m-1)^2}\right]$$

当 $m=4$ 时，临界荷载的近似值为

$$F_{\mathrm{cr}}=2.347\frac{\pi^2 EI_0}{l^2}$$

2.3 势能驻值原理和最小势能原理

势能驻值原理可由虚位移原理导出来。虚位移原理表明，变形体处于平衡状态的充分必要条件是，对于与约束条件相协调的任意微小虚位移，外力虚功应等于内力虚功，即

$$\delta W_e=\delta W_i \tag{2.11}$$

式中，δW_e 为外力在虚位移上作的功，即外力虚功；δW_i 为内力在虚位移上作的功，即内力虚功。内力虚功 δW_i 始终为负值，应等于负的虚应变能 $-\delta E_\varepsilon$，即 $\delta W_i=-\delta E_\varepsilon$，则式（2.11）可写为

$$\delta W_e+\delta E_\varepsilon=0 \tag{2.12}$$

为简洁起见，可将外力虚功 δW_e 的下标去掉，用 δW 表示外力虚功，相应的外力势能为 $-\delta W$，则式（2.12）又可写为

$$\delta E_\varepsilon+(-\delta W)=0 \tag{2.13}$$

也可写为

$$\delta E_{\mathrm{p}} = \delta(E_{\varepsilon} - W) = 0 \tag{2.14}$$

式中，$E_{\mathrm{p}} = E_{\varepsilon} - W$ 为总势能，它是应变能和外力势能之和。E_{p}、E_{ε}、W 均可从某一参考状态算起，如在研究轴心受压构件屈曲问题时，可以取构件经过压缩后、刚要屈曲前的直线状态作为参考状态，那么 E_{ε} 就代表从无屈曲到屈曲时的应变能增量，不包括屈曲前轴向压缩所产生的应变能；W 就代表外力由于构件屈曲所作的功，不包括屈曲前由于轴向压缩所作的功。

式(2.14)是从虚位移原理导出来的，其意义是当体系处于平衡状态时，总势能一阶变分为零，或体系总势能为一驻值，这就是势能驻值原理。

显然，势能驻值条件 $\delta E_{\mathrm{p}} = 0$ 是体系处于平衡状态的充要条件，它与平衡条件是等价的。但平衡是否稳定，还要进一步考察 E_{p} 的高阶变分。

对于稳定的平衡，给定任何虚位移，总势能的变化 ΔE_{p} 总为正。因为只有干扰力作正功才可能偏离原来的平衡位置。因此，在稳定平衡状态，体系的总势能为最小，这就是最小势能原理。

势能是以位移场为变量的函数，E_{p} 是一个泛函，则 E_{p} 的增量 ΔE_{p} 可表示为

$$\Delta E_{\mathrm{p}} = \delta E_{\mathrm{p}} + \frac{1}{2!}\delta^2 E_{\mathrm{p}} + \frac{1}{3!}\delta^3 E_{\mathrm{p}} + \cdots \tag{2.15}$$

体系平衡时 $\delta E_{\mathrm{p}} = 0$，则

$$\Delta E_{\mathrm{p}} = \frac{1}{2!}\delta^2 E_{\mathrm{p}} + \frac{1}{3!}\delta^3 E_{\mathrm{p}} + \cdots \tag{2.16}$$

根据最小势能原理和式(2.14)，并略去式(2.16)中三阶及以上的高阶变分，可以得到判别平衡稳定性的条件为：

当 $\delta^2 E_{\mathrm{p}} > 0$ 时，$\Delta E_{\mathrm{p}} > 0$，$E_{\mathrm{p}}$ 为极小，属稳定平衡；

当 $\delta^2 E_{\mathrm{p}} = 0$ 时，$\Delta E_{\mathrm{p}} = 0$，属中性平衡；

当 $\delta^2 E_{\mathrm{p}} < 0$ 时，$\Delta E_{\mathrm{p}} < 0$，$E_{\mathrm{p}}$ 为极大，属不稳定平衡。

综上所述，可以得到求临界荷载的两种方法。一种方法是从体系中性平衡状态的荷载为临界荷载这一概念出发，在中性平衡状态列出平衡条件 $\delta E_{\mathrm{p}} = 0$（可不必求二阶变分）求临界荷载，这是势能驻值原理；另一种方法是从稳定平衡过渡到不稳定平衡的荷载为临界荷载这一概念出发，即由 $\delta^2 E_{\mathrm{p}} = 0$（或 $\Delta E_{\mathrm{p}} = 0$）求临界荷载，这是最小势能原理。这两种方法概念上不同，第一种方法较为简单常用，但从数学上讲 $\delta E_{\mathrm{p}} = 0$ 只是平衡条件，它不表示从稳定平衡过渡到不稳定平衡的临界条件，因此，理论上第二种方法更加严密。

2.4　瑞利-里茨法

势能驻值原理可以计算结构的稳定问题，但得到的结果是平衡微分方程，还

需求解微分方程才能得到临界荷载。瑞利-里茨法是建立在势能驻值原理基础上的近似方法,用求解代数方程式代替求解微分方程式。

假定体系在中性平衡时,沿坐标轴 x、y、z 方向的位移分量分别为

$$\left.\begin{array}{l} u = \sum_{i=1}^{n} a_i \varphi_i(x,y,z) \\[2mm] v = \sum_{i=1}^{n} b_i \psi_i(x,y,z) \\[2mm] w = \sum_{i=1}^{n} c_i \eta_i(x,y,z) \end{array}\right\} \quad (i = 1,2,\cdots,n) \qquad (2.17)$$

式中,a_i、b_i、c_i 是 $3n$ 个独立参数,称为广义坐标;φ_i、ψ_i、η_i 是 $3n$ 个连续函数,称为坐标函数。坐标函数是任意假定的试解函数,满足位移边界条件而不一定满足力学边界条件。体系在中性平衡时的位形取决于 $3n$ 个独立参数,一旦这 $3n$ 个独立参数确定了,位移也就确定。无限自由度的连续体系便用 $3n$ 个有限自由度代替,n 越大,两者越接近。

将式(2.17)代入 $E_p = E_\varepsilon - W$ 中,则 E_p 是 $3n$ 个广义坐标或独立参数的函数,根据势能驻值原理,可得

$$\delta E_p = \sum_{i=1}^{n} \left(\frac{\partial E_p}{\partial a_i} \delta a_i + \frac{\partial E_p}{\partial b_i} \delta b_i + \frac{\partial E_p}{\partial c_i} \delta c_i \right) = 0$$

由于 δa_i、δb_i、δc_i 是微小的任意值,则

$$\left.\begin{array}{l} \dfrac{\partial E_p}{\partial a_i} = 0 \\[3mm] \dfrac{\partial E_p}{\partial b_i} = 0 \\[3mm] \dfrac{\partial E_p}{\partial c_i} = 0 \end{array}\right\} \quad (i = 1,2,\cdots,n) \qquad (2.18)$$

式(2.18)是 $3n$ 个代数方程的联立方程组,解此方程组,可得到 $3n$ 个待定参数,然后代入式(2.17)中,即得全部位移的近似解。当为弹性屈曲问题时,式(2.18)是 $3n$ 个线性齐次代数方程的联立方程组。$3n$ 个独立参数 a_i、b_i、c_i 不全为零的条件是其系数行列式为零。为此,令其系数行列式为零便得到稳定方程,从而求解出临界荷载 F_{cr},这就是瑞利-里茨法。

【例 2.3】 试求图 2.3 所示一端固定一端铰接轴心压杆的临界荷载。设 EI 为常数。

【解】 根据表 2.1,位移函数只取前两项,设为

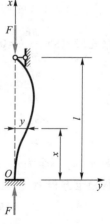

图 2.3 一端固定一端
铰接的轴心压杆

$$y(x) = a_1(l-x)x^2 + a_2(l-x)x^3$$

位移函数的一阶、二阶导数分别为

$$y'(x) = a_1(2l-3x)x + a_2(3l-4x)x^2$$

$$y''(x) = 2a_1(l-3x) + 6a_2(l-2x)x$$

位移函数中包含了两个坐标函数和两个独立参数,它满足杆端的位移边界条件

$$y(0) = 0, \quad y'(0) = 0$$
$$y(l) = 0, \quad y''(l) = 0$$

压杆的应变能为

$$E_\varepsilon = \frac{1}{2}\int_0^l EI(y'')^2 \mathrm{d}x = \frac{EI}{2}\int_0^l \left[2a_1(l-3x) + 6a_2(l-2x)x\right]^2 \mathrm{d}x$$

$$= \frac{EI}{2}(4l^3 a_1^2 + 8l^4 a_1 a_2 + 4.8l^5 a_2^2)$$

外力势能为

$$-W = -\frac{F}{2}\int_0^l (y')^2 \mathrm{d}x = -\frac{F}{2}\int_0^l \left[a_1(2l-3x)x + a_2(3l-4x)x^2\right]^2 \mathrm{d}x$$

$$= -\frac{F}{2}(0.133\,3l^5 a_1^2 + 0.2l^6 a_1 a_2 + 0.085\,7l^7 a_2^2)$$

压杆的总势能为

$$E_\mathrm{p} = E_\varepsilon - W$$

$$= \frac{1}{2}\left[(4EI-0.133\,3Fl^2)l^3 a_1^2 + 2(4EI-0.1Fl^2)l^4 a_1 a_2 + (4.8EI-0.085\,7Fl^2)l^5 a_2^2\right]$$

根据式(2.18),$\dfrac{\partial E_\mathrm{p}}{\partial a_i} = 0 (i=1,2)$,得

$$\frac{\partial E_\mathrm{p}}{\partial a_1} = (4EI-0.133\,3Fl^2)l^3 a_1 + (4EI-0.1Fl^2)l^4 a_2 = 0$$

$$\frac{\partial E_\mathrm{p}}{\partial a_2} = (4EI-0.1Fl^2)l^4 a_1 + (4.8EI-0.085\,7Fl^2)l^5 a_2 = 0$$

参数 a_1、a_2 不全为零的条件是其系数行列式为零,为此,令其系数行列式为零,即得稳定方程为

$$\begin{vmatrix} 4EI-0.133\,3Fl^2 & 4EIl-0.1Fl^3 \\ 4EI-0.1Fl^2 & 4.8EIl-0.085\,7Fl^3 \end{vmatrix} = 0$$

展开行列式,得到以下方程

$$F^2 - 128.62\frac{EI}{l^2}F + 2\ 253.52\left(\frac{EI}{l^2}\right)^2 = 0$$

解方程可求出临界荷载 $F_{cr} = 20.93\dfrac{EI}{l^2}$，比精确解 $20.19\dfrac{EI}{l^2}$ 约大 3.7%（见例 3.1）。

2.5 迦辽金法

用瑞利-里茨法求解临界荷载时，假定的杆件变形曲线方程 $y = \sum_{i=1}^{n} a_i \varphi_i(x)$ 只要求满足位移边界条件，而并不一定满足杆端力学边界条件（或称为自然边界条件）。如果选择的杆件变形方程同时满足位移边界条件和自然边界条件，则可以用迦辽金法求解临界荷载。为简便起见，下面通过轴向力 F 作用下的两端铰接构件说明迦辽金法的应用。

对承受轴向力 F 作用的两端铰接构件（图 2.2），在弯曲状态下的应变能和外力势能分别为

$$E_\varepsilon = \frac{1}{2}\int_0^l EI(y'')^2 \mathrm{d}x$$

$$-W = -\frac{F}{2}\int_0^l (y')^2 \mathrm{d}x$$

则总势能为

$$E_p = E_\varepsilon - W$$
$$= \frac{1}{2}\int_0^l EI(y'')^2 \mathrm{d}x - \frac{F}{2}\int_0^l (y')^2 \mathrm{d}x$$

总势能 E_p 的一阶变分为

$$\delta E_p = \int_0^l \delta\left[\frac{1}{2}EI(y'')^2 - \frac{F}{2}(y')^2\right]\mathrm{d}x$$
$$= \int_0^l (EIy''\delta y'' - Fy'\delta y')\mathrm{d}x$$

利用分部积分，可得

$$\delta E_p = \int_0^l (EIy^{(4)} + Fy'')\delta y\,\mathrm{d}x + EI[y''\delta y']_0^l - EI[y'''\delta y]_0^l - F[y'\delta y]_0^l$$

$$(2.19)$$

轴心受压构件两端的位移边界条件为铰接，即

$$y(0) = y(l) = 0,\quad \delta y(0) = \delta y(l) = 0$$

且变形曲线方程同时满足自然边界条件，即

$$y''(0) = y''(l) = 0,\quad M(0) = -EIy''(0) = 0,\quad M(l) = -EIy''(l) = 0$$

将上述边界条件代入式(2.19),得

$$\delta E_{\mathrm{p}} = \int_0^l (EIy^{(4)} + Fy'')\delta y \mathrm{d}x = 0 \tag{2.20}$$

令 $L(y) = EIy^{(4)} + Fy''$,可以看出,$L(y)$ 是轴心受压构件平衡微分方程的左端项(详见第 3 章),则式(2.20)可写为

$$\int_0^l L(y)\delta y \mathrm{d}x = 0$$

设轴心受压构件变形曲线方程为

$$y = \sum_{i=1}^n a_i \varphi_i(x) \tag{2.21}$$

其中,a_i 是待定独立参数;φ_i 是既符合位移边界条件又符合力学边界条件的坐标函数。变形曲线 y 的一阶变分为

$$\begin{aligned}
\delta y &= \frac{\partial y}{\partial a_1}\delta a_1 + \frac{\partial y}{\partial a_2}\delta a_2 + \cdots + \frac{\partial y}{\partial a_n}\delta a_n \\
&= \varphi_1(x)\delta a_1 + \varphi_2(x)\delta a_2 + \cdots + \varphi_n(x)\delta a_n \\
&= \sum_{i=1}^n \varphi_i(x)\delta a_i
\end{aligned} \tag{2.22}$$

将式(2.22)代入式(2.20),可得

$$\begin{aligned}
&\int_0^l L(y)\left[\sum_{i=1}^n \varphi_i(x)\delta a_i\right]\mathrm{d}x \\
&= \delta a_1 \int_0^l L(y)\varphi_1(x)\mathrm{d}x + \delta a_2 \int_0^l L(y)\varphi_2(x)\mathrm{d}x + \cdots + \delta a_n \int_0^l L(y)\varphi_n(x)\mathrm{d}x = 0
\end{aligned}$$

由于 δa_1、δa_2、$\cdots$、δa_n 是不等于零的任意微小量,只有其系数等于零上式才成立,于是得到迦辽金方程组为

$$\left.\begin{aligned}
\int_0^l L(y)\varphi_1(x)\mathrm{d}x &= 0 \\
\int_0^l L(y)\varphi_2(x)\mathrm{d}x &= 0 \\
\cdots\cdots\cdots\cdots \\
\int_0^l L(y)\varphi_n(x)\mathrm{d}x &= 0
\end{aligned}\right\} \tag{2.23}$$

将式(2.21)代入方程组(2.23)的 $L(y)$ 中,通过对每个方程积分,方程组(2.23)将是参数 a_i 的一个 n 元联立代数方程组。解此方程组,可得到 n 个待定参数,然后代入式(2.21),即得 y 的近似解。对于线性屈曲问题,式(2.23)为线性齐次代数方程组。n 个独立参数 a_i 不全为零的条件是其系数行列式为零,为此,令其系数行列式为零即可得到稳定方程,从而可求解出临界力 F_{cr}。上述方法就是迦辽金法,方程组(2.23)称为迦辽金方程组。与瑞利-里茨法比较,迦辽

金法直接与微分方程相联系,而瑞利-里茨法需写出体系的总势能。因此,当能够直接写出微分方程时,采用迦辽金法可能更简便。

【例 2.4】 试求图 2.4 所示两端固支杆的临界荷载。

【解】 设

$$y = a_1\varphi_1 + a_2\varphi_2, \varphi_1 = x^4 - 2lx^3 + l^2x^2, \varphi_2 = 2x^5 - 5lx^4 + 4l^2x^3 - l^3x^2$$

φ_1 和 φ_2 都满足全部边界条件

$$y(0) = y(l) = 0, \quad 即 \quad \varphi_i(0) = \varphi_i(l) = 0$$
$$y'(0) = y'(l) = 0, \quad 即 \quad \varphi_i'(0) = \varphi_i'(l) = 0$$

则

$$L(y) = y^{(4)} + \alpha^2 y''$$
$$= a_1[24 + 2\alpha^2(6x^2 - 6lx + l^2)] + a_2[120(2x - l) +$$
$$2\alpha^2(20x^3 - 30lx^2 + 12l^2x - l^3)]$$

迦辽金方程组为

$$\int_0^l L(y)\varphi_1 dx = a_1(0.8 - 0.019\,05\alpha^2l^2)l^5 +$$
$$a_2(0 + 0\alpha^2l^2)l^6 = 0$$

$$\int_0^l L(y)\varphi_2 dx = a_1(0 - 6\alpha^2l^2)l^6 + a_2(0.571\,4 -$$
$$0.006\,349\alpha^2l^2)l^7 = 0$$

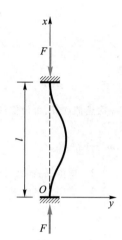

图 2.4　两端固支的
轴心压杆

由上两式可解出 a_1 与 a_2 的比值,从而确定 y。上式中参数 a_1、a_2 不全为零的条件是其系数行列式为零,为此,令其系数行列式为零即得稳定方程为

$$\begin{vmatrix} 0.8 - 0.019\,1\alpha^2l^2 & 0 \\ -6.0\alpha^2l^2 & (0.571\,4 - 0.006\,349\alpha^2l^2)l \end{vmatrix} = 0$$

展开后,解得

$$(\alpha l)^2 = 41.99$$

由 $\alpha^2 = F/EI$ 得最小根为 $F_{cr} = 41.99\dfrac{EI}{l^2}$,与精确解 $F_{cr} = 39.48\dfrac{EI}{l^2}$ 相比,偏大约 6.4%。

习　　　题

2.1 试用铁摩辛柯能量法求图示变截面杆件的临界荷载。惯性矩的变化为

$$I(x) = I_0\left(1 + \frac{3x}{l}\right), \left(0 \leq x \leq \frac{l}{2}\right)$$

$$I(x) = I_0\left(4 - \frac{3x}{l}\right), \left(\frac{l}{2} \leq x \leq l\right)$$

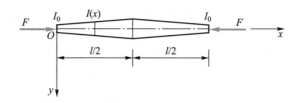

习题 2.1 图

第一次近似计算,可设位移曲线 $y = a_1 \sin \dfrac{\pi x}{l}$。第二次近似计算,可设位移曲线 $y = a_1 \sin \dfrac{\pi x}{l} + a_3 \sin \dfrac{3\pi x}{l}$。

2.2 试根据势能驻值原理求习题 1.2 图所示杆件的临界荷载。

2.3 试用能量法求图示杆件的临界荷载。假设位移曲线为

$$y = A\left(1 - \cos\frac{\pi x}{2l}\right) + B\left(1 - \cos\frac{3\pi x}{2l}\right)$$

2.4 试用瑞利-里茨法求图示杆件的临界荷载 $(F_1 + F_2)_{\mathrm{cr}}$。假设位移曲线为

$$y = a_1 \sin\frac{\pi x}{l} + a_2 \sin\frac{2\pi x}{l}$$

2.5 试用迦辽金法求图示杆件的临界荷载。荷载 q 沿轴线均匀分布。假设位移曲线为 $y = a_1 \sin \dfrac{\pi x}{l}$。

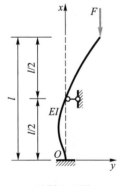

习题 2.3 图

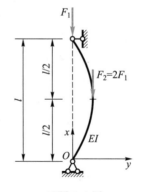

习题 2.4 图

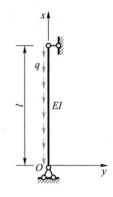

习题 2.5 图

第 2 章
习题答案

第 **3** 章
轴心受压杆件的整体稳定

第 3 章
教学课件

3.1　引言

　　对无缺陷轴心受压杆件而言,有三种整体失稳形式,弯曲失稳是最常见的整体失稳形式,轴心受压杆件还可能发生扭转失稳和弯扭失稳。轴心受压杆件以什么样的形式发生整体失稳主要取决于截面的形状、几何尺寸、杆件长度和杆端的连接条件等因素。钢结构中常用截面的轴心受压杆件,由于其板件较厚,杆件的抗扭刚度也相对较大,发生整体失稳时主要绕截面的两个对称轴发生弯曲失稳或称为弯曲屈曲(图 3.1a);对某些抗扭刚度较差的轴心受压杆件(如十字形截面),当轴心压力 F 达到某一临界值时,原来的直线稳定平衡状态不再保持而

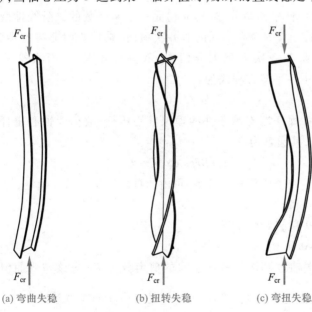

动画:两端铰接
轴心受压杆件
的弯曲失稳

动画:两端铰接
轴心受压杆件
的扭转失稳

动画:两端铰接
轴心受压杆件
的弯扭失稳

图 3.1　两端铰接轴心受压杆件的失稳类型

发生扭转,这种现象称为扭转失稳或扭转屈曲(图 3.1b);截面为单轴对称(如 T
形截面)的轴心受压杆件绕对称轴失稳时,由于截面形心与截面剪切中心(即杆
件弯曲时截面剪应力合力作用点通过的位置,又称为扭转中心、弯曲中心)不重
合,在发生弯曲变形的同时必然伴随有扭转变形,故称为弯扭失稳或弯扭屈曲
(图 3.1c)。同理,截面没有对称轴的轴心受压杆件,其屈曲形态也属弯扭屈曲。

　　轴心受压杆件广泛地应用于桁架、网架、塔架中的杆件,工业厂房及高层钢
结构的支撑,操作平台和其他结构的支柱等。除了一些较短的轴心受力杆件,或
因局部有孔洞削弱需要验算净截面强度外,轴心受压杆件的承载力是由稳定条
件决定的,即应满足整体稳定和局部稳定要求。本章着重讨论轴心受压杆件的
弯曲失稳问题。

3.2　轴心受压杆件的弯曲失稳

3.2.1　理想轴心受压杆件弯曲失稳的临界荷载

　　下面来推导理想轴心压杆稳定问题的普遍微分方程。图 3.2a 为微弯曲状
态下具有任意杆端边界条件的理想轴心压杆。在中性平衡状态下,取隔离体如
图 3.2b 所示,考虑小变形,在 x 截面处建立弯矩平衡方程为

$$EIy'' + Fy = -F_Q x + M_A \tag{3.1}$$

　　理想轴心压杆的中性平衡微分方程(3.1)是一个常系数的二阶线性微分方
程。因支承条件不同,方程中含有不同的非齐次项(两端简支时非齐次项为零,
即齐次方程)。对二阶非齐次方程求导两次,消去非齐次项,引入符号 $\alpha^2 = F/(EI)$,可得到普遍中性平衡方程式为

$$y^{(4)} + \alpha^2 y'' = 0 \tag{3.2}$$

　　式(3.2)适用于各种杆端支承条件的理想轴心压杆,故称为轴心压杆稳定
问题的普遍微分方程,其通解为

$$y = A\sin \alpha x + B\cos \alpha x + Cx + D \tag{3.3}$$

　　式(3.3)中包含了 4 个任意积分常数,可由压杆两端支承条件确定,如

简支端:　　　　　$y = 0$ 和 $y'' = 0$

固定端:　　　　　$y = 0$ 和 $y' = 0$

自由端:　　　　　$y'' = 0$ 和 $y''' + \alpha^2 y' = 0$

　　对于自由端,杆端轴力 F 在杆端面引起的剪力分量 Fy' 应该与弯曲引起的
剪力 $\dfrac{\mathrm{d}M}{\mathrm{d}x} = -EIy'''$ 相等,上述自由端的第二个条件是自由端的剪力条件。

　　根据压杆两端的四个边界条件,由式(3.3)可得到四个线性齐次方程式

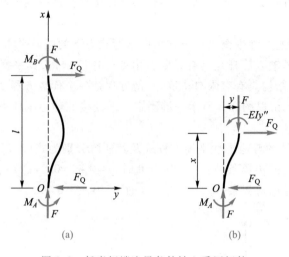

图 3.2　任意杆端边界条件轴心受压杆件

$$
\left.\begin{array}{l}
a_{11}A+a_{12}B+a_{13}C+a_{14}D=0 \\
a_{21}A+a_{22}B+a_{23}C+a_{24}D=0 \\
a_{31}A+a_{32}B+a_{33}C+a_{34}D=0 \\
a_{41}A+a_{42}B+a_{43}C+a_{44}D=0
\end{array}\right\}
\tag{3.4}
$$

系数 A、B、C、D 不同时为零(非零解)的条件是

$$
\Delta=\begin{vmatrix}
a_{11} & a_{12} & a_{13} & a_{14} \\
a_{21} & a_{22} & a_{23} & a_{24} \\
a_{31} & a_{32} & a_{33} & a_{34} \\
a_{41} & a_{42} & a_{43} & a_{44}
\end{vmatrix}=0
\tag{3.5}
$$

$\Delta=0$ 就是稳定特征方程(或简称稳定方程),它是判断稳定的一个准则。展开行列式 Δ,可得到一个只包含参数 α 的超越方程式,这个超越方程具有无限个根,取最小根 α,再由 $\alpha^2=F/EI$,即可求出临界荷载 F_{cr}。把最小根 α 代入式 (3.4)中,可得到四个任意常数的比值,如 A/D、B/D、C/D,将这些比值代入式 (3.3) y 的表达式中,就确定了杆件的挠曲曲线形式。式(3.4)只能解出三个独立的参数,式中任意一个方程是其他三个方程的组合。

由此可见,理想轴心压杆的稳定问题,在数学上是一个特征值问题。满足 $\Delta=0$ 的 α 就称为特征值,相应的函数 y 就称为特征函数或特征向量。特征函数是中性平衡时的挠曲曲线方程,其包含了一个未定的常数,因此只给出了挠曲的形式,而不能给出确定的挠度值。

求杆件的临界荷载时,可以直接将杆件的挠度函数式(3.3)代入边界条件,

从而确定稳定方程 $\Delta = 0$ 并求解,而不必每次都建立杆件中性平衡微分方程并解此方程。

实际上,普遍中性平衡微分方程可由微弯状态下的微段平衡方程得出,在此不再赘述。由于轴心压杆是具有无限自由度的连续结构,其平衡方程是一个微分方程,而刚体结构具有有限自由度,平衡方程是一个代数方程。

【例 3.1】　试以图 3.3 所示一端固定一端铰接的轴心压杆来说明稳定准则的应用。

【解】　杆件的普遍中性平衡方程式及其通解分别为式(3.2)和式(3.3)。

杆件固定端的边界条件:　　当 $x = 0$ 时,$y = 0$,$y' = 0$

杆件铰接端的边界条件:　　当 $x = l$ 时,$y = 0$,$y'' = 0$

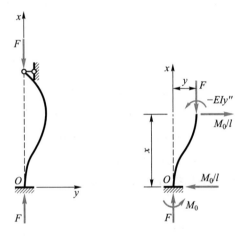

图 3.3　一端固定一端铰接的轴心受压杆件

将式(3.3)代入上述边界条件,得到四个齐次线性方程式

$$\left.\begin{array}{l} B+D = 0 \\ A\alpha + C = 0 \\ A\sin \alpha l + B\cos \alpha l + Cl + D = 0 \\ A\sin \alpha l + B\cos \alpha l = 0 \end{array}\right\}$$

微弯时,A、B、C、D 不同时为零,上式有非零解的条件是

$$\Delta = \begin{vmatrix} 0 & 1 & 0 & 1 \\ \alpha & 0 & 1 & 0 \\ \sin \alpha l & \cos \alpha l & l & 1 \\ \sin \alpha l & \cos \alpha l & 0 & 0 \end{vmatrix} = 0$$

上式就是稳定方程。展开上式,得到关于 α 的超越方程

$$\tan \alpha l = \alpha l$$

可解得此超越方程的最小根为

$$\alpha l = 4.49$$

于是临界荷载为

$$F_{\mathrm{cr}} = \frac{20.19EI}{l^2} = \frac{\pi^2 EI}{(0.7l)^2} \qquad (3.6)$$

相应的临界应力

$$\sigma_{\mathrm{cr}} = \frac{F_{\mathrm{cr}}}{A} = \frac{\pi^2 EI}{A(0.7l)^2} = \frac{\pi^2 E}{(0.7l/i)^2} = \frac{\pi^2 E}{\lambda^2} \qquad (3.7)$$

式中,$I = Ai^2$ 为杆件截面惯性矩,i 是截面的回转半径,A 为杆件的横截面面积;$\lambda = l_0/i$ 称为杆件的有效长细比,l_0 称为计算长度。由式(3.6)可见,一端固定一端铰接杆件相当于长度 $l_0 = 0.7l$ 的两端简支杆件。计算长度 l_0 的几何意义是杆件挠曲曲线上两反弯点的间距 μl,μ 称为计算长度系数。各种支承条件下的计算长度系数见表 3.1。

表 3.1 各种支承条件下轴心受压杆件的计算长度系数 μ

两端支承情况	两端铰接	上端自由下端固定	上端铰接下端固定	两端固定	上端可移动但不转动下端固定	上端可移动但不转动下端铰接
屈曲形状	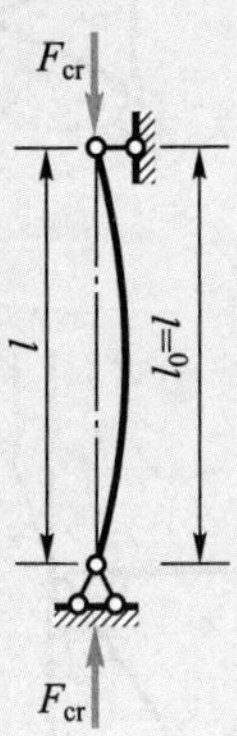	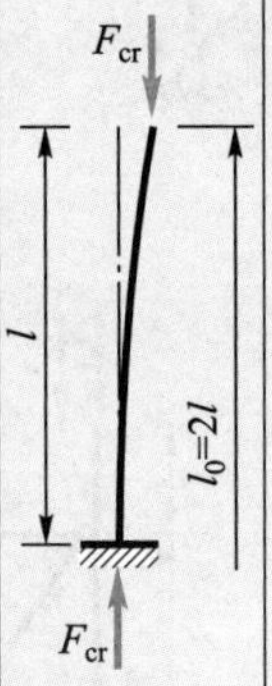	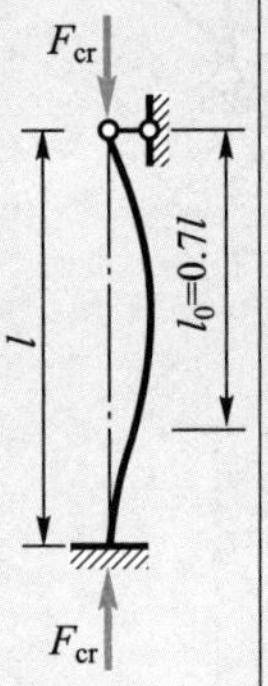	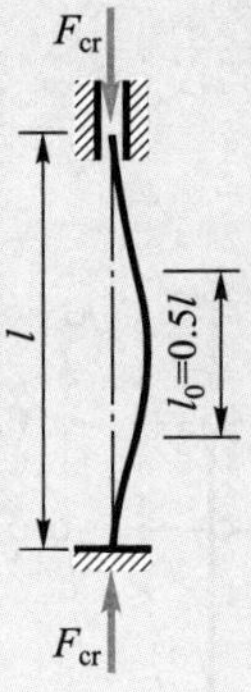	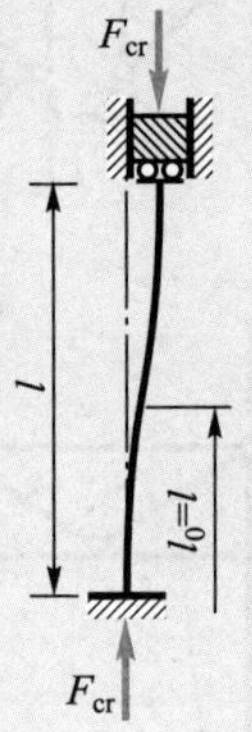	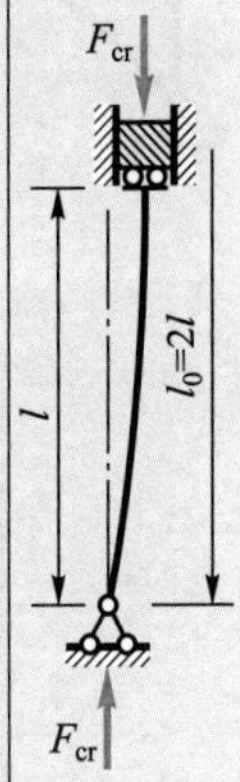
计算长度 $l_0 = \mu l$ (μ 为理论值)	1.0l	2.0l	0.7l	0.5l	1.0l	2.0l
μ 的设计建议值	1	2	0.8	0.65	1.2	2

　　由于实际杆件的端部约束状态与理想杆件有所不同,如实际铰支座存在不同程度的转动约束,实际固定支座很难保证丝毫不能转动,因此,设计中应将计算长度系数 μ 进行修正,μ 的设计建议值见表 3.1。从表中可以看出,有固定端时,μ 的设计建议值有所放大,以符合难以绝对固定的实际情况;有铰支端时,却没有减小 μ 值,原因是铰支端的实际约束变化较大,目前研究并不很充分,不减小 μ 值,偏于安全。

　　当轴心受压杆件在横截面的一个主轴平面内设有支撑时(图 3.4),则轴心受压杆件在这一平面内的计算长度小于杆件的整体高度。如果按等节间设置支撑,且杆件上、下端均为铰接,那么杆件的计算长度为一个节间的长度;对不按等节间设置支撑,如果是取较大节间的长度为杆件的计算长度,这种做法忽略了杆件短节间对长节间的约束,因而偏于安全。另一种处理办法是考虑杆件节间的约束关系,经计算,图 3.4 中轴心受压杆件的稳定方程和计算长度系数 μ 的简化计算公式如表 3.2 所示。

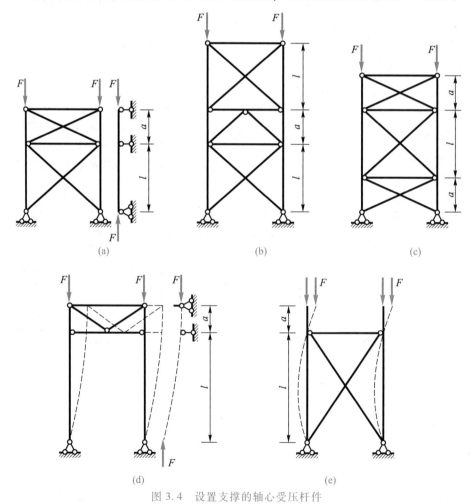

图 3.4　设置支撑的轴心受压杆件

由式(1.15)和式(3.7)可知,理想细长轴心受压杆件的临界应力 σ_{cr},与杆件的长细比的平方成反比,与杆件材料的弹性模量 E 成正比,与材料强度无关。因此,由于钢材的弹性模量基本相同,采用高强度钢材并不能提高细长轴心钢压杆的临界应力。

表 3.2   图 3.4 中不同支撑情况的稳定方程和计算长度系数简化计算公式

图 3.4 支撑情况	稳定方程	计算长度系数 μ 的简化计算公式
(a)	$\alpha kl(\cot \alpha kl + \cot \alpha l)-(1+k)=0$	$\mu = 1-0.3(1-k)^{0.7}$
(b)	$\alpha l-\tan \alpha l-\alpha l\tan \alpha l\tan \dfrac{\alpha kl}{2}=0$	$\mu = 0.7+0.3k$
(c)	$\alpha kl-\tan \alpha kl-\alpha kl\tan \alpha kl\tan \dfrac{\alpha l}{2}=0$	$\mu = 1-0.5(1-k)^{0.8}$
(d)	$\alpha kl(\tan \alpha kl+\tan \alpha l)-\tan \alpha kl\tan \alpha l=0$	$\mu = 2+0.7k$
(e)	$\alpha l(\tan \alpha kl+\tan \alpha l)-\tan \alpha kl\tan \alpha l=0$	$\mu = 2.7-1.7(1-k)^{0.9}$

注:$k=a/l$,且 $a \leqslant l$。

3.2.2   弹塑性弯曲失稳

前面谈到的欧拉公式只适用于弹性范围,欧拉临界应力小于比例极限,即 $\sigma_{cr}=\dfrac{\pi^2 E}{\lambda^2} \leqslant f_p$,也就是要求长细比 $\lambda \geqslant \pi \sqrt{\dfrac{E}{f_p}}$。换句话说,当长细比 $\lambda \geqslant \pi \sqrt{\dfrac{E}{f_p}}$ 时,$\sigma_{cr}=\dfrac{\pi^2 E}{\lambda^2}$ 才有效。当长细比 $\lambda < \pi \sqrt{\dfrac{E}{f_p}}$ 时,弹性分析失效,必须考虑非弹性性能。此时材料应力-应变曲线成为非线性,这就使稳定问题变得复杂。

1889 年,恩格塞尔(Engesser)用应力-应变曲线的切线模量 $E_t=\mathrm{d}\sigma/\mathrm{d}\varepsilon$ 代替欧拉公式中的弹性模量 E,将欧拉公式推广应用于非弹性范围,即

$$F_{cr}=\frac{\pi^2 E_t I}{l_0^2}=\frac{\pi^2 E_t A}{\lambda^2} \tag{3.8}$$

相应的切线模量临界应力为

$$\sigma_{cr}=\frac{\pi^2 E_t}{\lambda^2} \tag{3.9}$$

从形式上看,切线模量临界应力公式(3.9)和欧拉临界应力公式仅 E_t 与 E 不同,但在使用上却有很大的区别。采用欧拉公式可直接由长细比 λ 求得临界应力 σ_{cr},但切线模量公式则不能,因为切线模量 E_t 与临界应力 σ_{cr} 互为函数。

可通过短柱试验先测得钢材的平均 $\sigma\text{-}\varepsilon$ 关系曲线(图 3.5a),从而得到钢材的 $\sigma\text{-}E_\mathrm{t}$ 关系式或关系曲线(图 3.5b)。对 $\sigma\text{-}E_\mathrm{t}$ 关系已知的轴心受压杆件,可先给定 σ_cr,再从试验所得的 $\sigma\text{-}E_\mathrm{t}$ 关系曲线确定相应的 E_t,然后由切线模量公式(3.9)求出长细比 λ。由此所得到的弹塑性屈曲阶段的临界应力 σ_cr 随长细比 λ 的变化曲线如图 3.5c 中的 AB 段所示。当然,也可以将试验所得的 $\sigma\text{-}E_\mathrm{t}$ 关系式与式(3.9)联立求解得到 $\sigma_\mathrm{cr}\text{-}\lambda$ 关系曲线。临界应力 σ_cr 与长细比 λ 的关系曲线可作为轴心受压杆件设计的依据,称为柱子曲线。

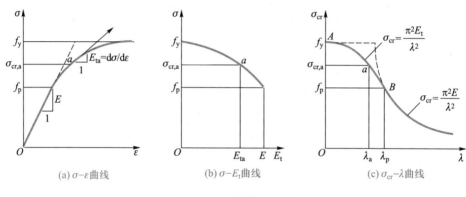

(a) $\sigma\text{-}\varepsilon$ 曲线　　　　　　(b) $\sigma\text{-}E_\mathrm{t}$ 曲线　　　　　　(c) $\sigma_\mathrm{cr}\text{-}\lambda$ 曲线

图 3.5　切线模量理论

　　关于经典的轴心受压杆件非弹性(弹塑性)屈曲的理论,最早的是由恩格塞尔于 1889 年提出的切线模量理论。继而于 1895 年,恩格塞尔吸取了康西德尔(Considere)的建议,考虑到在弹塑性屈曲产生微弯时,杆件凸面出现弹性卸载(应采用弹性模量 E),从而提出与 E 和 E_t 有关的双模量理论,也称折算模量理论。1910 年卡门(Karman)也独立导出了双模量理论,并给出矩形和工字形截面的双模量临界应力公式,之后几十年内得到广泛的承认和应用。后来发现,双模量理论计算结果比试验值偏高,而切线模量理论计算结果却与试验值更为接近。1947 年香莱(Shanley)用模型解释了这个现象,指出切线模量应力是轴心受压杆件弹塑性屈曲应力的下限,双模量应力是其上限,切线模量应力更接近实际的弹塑性屈曲应力。因此,切线模量理论更有实用价值。

3.2.3　初弯曲(初挠度)的影响

　　前面讨论的理想轴心受压杆件,实际上是不存在的。实际轴心受压杆件在制造、运输和安装过程中,不可避免地会产生微小的初弯曲。又由于构造、施工和加载等方面的原因,可能产生一定程度的偶然初偏心。初弯曲和初偏心统称为几何缺陷。有几何缺陷的轴心受压杆件,其侧向挠度从加载开始就会不断增加,因此杆件除轴心力作用外,还存在因杆件初弯曲或初偏心产生的弯矩,从而降低了杆件的稳定承载力。

下面讨论轴心受压杆件初弯曲的影响。图 3.6 所示为两端铰接且有初弯曲的杆件在未受力前就呈弯曲状态,其中 y_0 和 y 分别为初挠度和附加挠度。当杆件承受轴心压力 F 时,挠度将增长为 y_0+y 并同时存在附加弯矩 $F(y_0+y)$,附加弯矩又使挠度进一步增加。

假设杆件初弯曲形状为半波正弦曲线

$$y_0 = a\sin\frac{\pi x}{l} \qquad (3.10)$$

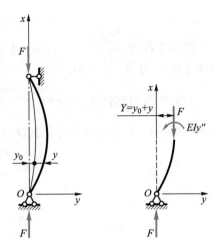

图 3.6 有初弯曲的轴心受压杆件

式中,a 为杆件中央初挠度值。在弹性弯曲状态下,由内外力矩平衡条件,可建立平衡微分方程

$$EIy'' + F(y+y_0) = 0 \qquad (3.11)$$

引入 $\alpha^2 = F/(EI)$,并将式(3.10)代入式(3.11),得

$$y'' + \alpha^2 y = -\alpha^2 a\sin\frac{\pi x}{l} \qquad (3.12)$$

这是一个线性非齐次常微分方程,其通解为齐次解与特解之和。相应的齐次方程的齐次解为

$$y = A\sin\alpha x + B\cos\alpha x \qquad (3.13)$$

由于非齐次项是正弦函数,故可取特解为

$$y = C\sin\frac{\pi x}{l} \qquad (3.14)$$

将特解 y 代入式(3.12),得

$$\left[C\left(\alpha^2 - \frac{\pi^2}{l^2}\right) + \alpha^2 a \right]\sin\frac{\pi x}{l} = 0 \qquad (3.15)$$

因 x 是从 0 到 l 的任意值,满足式(3.15)的条件是

$$C\left(\alpha^2 - \frac{\pi^2}{l^2}\right) + \alpha^2 a = 0$$

从而得

$$C = \frac{a}{\left(\dfrac{\pi}{\alpha l}\right)^2 - 1} = \frac{a}{\dfrac{F_E}{F} - 1}$$

于是,式(3.12)的通解为

$$y = A\sin \alpha x + B\cos \alpha x + \frac{F/F_E}{1-F/F_E} a\sin \frac{\pi x}{l} \tag{3.16}$$

边界条件为:① 当 $x=0$ 时,$y=0$;② 当 $x=l$ 时,$y=0$。由条件①得 $B=0$;由条件②得 $A=0$ 或 $\sin \alpha l = 0$。

对有初弯曲的杆件,有 $F < F_E = \dfrac{\pi^2 EI}{l^2}$;而 $\sin \alpha l = 0$ 时,$F = F_E = \dfrac{\pi^2 EI}{l^2}$,故有 $\sin \alpha l \neq 0$ 和 $A=0$,由式(3.16)得附加挠度

$$y = a\frac{F/F_E}{1-F/F_E}\sin \frac{\pi x}{l}$$

总挠度

$$Y = y+y_0 = \left(1+\frac{F/F_E}{1-F/F_E}\right) a\sin \frac{\pi x}{l} = \frac{a}{1-F/F_E}\sin \frac{\pi x}{l}$$

当 $x=l/2$ 时,杆件中点的附加挠度为

$$y\left(\frac{l}{2}\right) = a\frac{F/F_E}{1-F/F_E} \tag{3.17}$$

杆件中点的总挠度为

$$\delta = Y\left(\frac{l}{2}\right) = \frac{a}{1-F/F_E} \tag{3.18}$$

式中,$1/(1-F/F_E)$ 为初挠度放大系数。式(3.18)所描述的有初弯曲的轴心受压杆件的荷载-中点总挠度曲线如图 3.7 所示,可以看出,一开始加载,杆件就出现弯曲,挠度增加较慢。当荷载 F 接近欧拉荷载 F_E 时,挠度增加很快,最后趋于无穷大。初弯曲越大,中点挠度越大。由式(3.18)可知,挠度与初弯曲值 a 成正比。杆件的初弯曲会降低轴心受压杆件的承载力,使其承载力小于欧拉荷载 F_E,且初弯曲越大,承载力降低越显著。

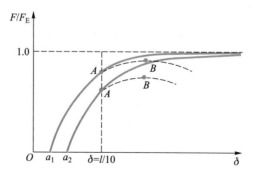

图 3.7 有初弯曲轴心受压杆件的荷载-中点总挠度曲线

式(3.18)和图3.7的实曲线是假定材料为无限弹性得出的,所以仅当变形较小,如 $\delta \leqslant l/10$ 时(弹性范围)才有效。对于实际钢杆件,当挠度达到一定程度时,轴力和弯矩产生的组合应力很快就会超过材料的比例极限而发生破坏,出现图3.7中虚线所示的极值点失稳现象。

3.2.4 初偏心的影响

下面讨论初偏心对轴心受压杆件的影响。当作用于两端的轴向力 F 与杆件轴线有很小的初偏心距 e 时(图3.8),受压杆件已不是轴心受压状态,而转变为偏心受压杆件。

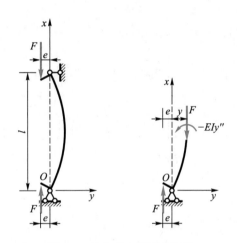

图3.8 有初偏心的受压杆件

如图3.8所示,在任一截面处的内力弯矩为 $-EIy''$,外力矩为 $F(e+y)$,令 $\alpha^2 = F/EI$,则平衡方程为

$$EIy'' + F(e+y) = 0 \tag{3.19}$$

或

$$y'' + \alpha^2 y = -\alpha^2 e \tag{3.20}$$

其通解为

$$y = A\sin \alpha x + B\cos \alpha x - e \tag{3.21}$$

可由边界条件确定任意常数 A 和 B:当 $x=0$ 时,$y=0$,得 $B=e$;当 $x=l$ 时,$y=0$,得 $A = \dfrac{1-\cos \alpha l}{\sin \alpha l}e$。代入式(3.21),得方程的解为

$$y = \left(\frac{1-\cos \alpha l}{\sin \alpha l}\sin \alpha x + \cos \alpha x - 1 \right)e \tag{3.22}$$

中点挠度

$$\delta = y\left(\frac{l}{2}\right) = e\left(\frac{1-\cos \alpha l}{\sin \alpha l}\sin \frac{\alpha l}{2}+\cos \frac{\alpha l}{2}-1\right) \tag{3.23}$$

将三角恒等式 $\cos \alpha l = 1-2\sin^2\left(\frac{\alpha l}{2}\right)$，$\sin \alpha l = 2\sin \frac{\alpha l}{2}\cos \frac{\alpha l}{2}$ 代入式（3.23），得

$$\delta = e\left(\sec \frac{\alpha l}{2}-1\right) = e\left[\sec\left(\frac{\pi}{2}\sqrt{\frac{F}{F_E}}\right)-1\right] \tag{3.24}$$

式（3.24）所描述的有初偏心的受压杆件的荷载-中点挠度曲线如图 3.9 所示。

为了与初弯曲的轴心受压杆件比较，令 $u=\alpha l/2$，由 $\alpha^2 = F/EI$，$F_E=\dfrac{\pi^2 EI}{l^2}$，得 $u^2 = \left(\dfrac{\pi}{2}\right)^2 \dfrac{F}{F_E}$。将式（3.24）按级数展开，得

$$\begin{aligned}
\delta &= e\left(\frac{1}{2}u^2+\frac{5}{24}u^4+\frac{61}{720}u^6+\frac{1\,385}{40\,320}u^8+\cdots\right)\\
&= \frac{\pi^2 e}{8}\frac{F}{F_E}\left[1+1.025\frac{F}{F_E}+1.02\left(\frac{F}{F_E}\right)^2+\cdots\right]\\
&= \frac{\pi^2 e}{8}\frac{F/F_E}{1-F/F_E}
\end{aligned} \tag{3.25}$$

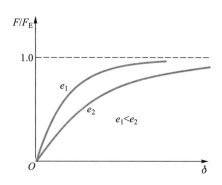

图 3.9   有初偏心受压杆件的荷载-中点挠度曲线

将式（3.17）与式（3.25）比较可知，初偏心距为 e 的杆件可以等效成初弯曲为 $\dfrac{\pi^2 e}{8}$ 的杆件来研究。由此可见，初偏心的影响与初弯曲的影响相似，可以只考虑其中一个缺陷来模拟两种缺陷。此外，无论是初弯曲或初偏心受压杆件，当荷载 F 接近欧拉荷载 F_E 时，中点挠度 δ 趋于无穷。这给我们提供了一个求理想轴心受压杆件临界荷载的方法。给理想轴心受压杆件一个微小的缺

陷,计算其中点挠度表达式,求挠度趋于无穷时的荷载 F,就可得到所求的临界荷载。

3.2.5 残余应力的影响

制作钢结构杆件时,由于钢材热轧、板边火焰切割、杆件焊接和校正调直等加工制造过程中不均匀的高温加热和冷却会产生残余应力,其中焊接残余应力的数值通常可达到或接近钢材的屈服强度 f_y。残余应力的大小和分布,与截面的几何尺寸和形状、制作方法和加工过程等密切相关。截面残余应力是一种自平衡应力,对结构静力强度影响不大,但对结构的刚度和压杆的稳定性能有不利影响。

(1) 残余应力对短柱应力-应变曲线的影响

残余应力对应力-应变曲线的影响通常由短柱压缩试验测定。所谓短柱,就是取一柱段,其长细比不大于 20,不致在受压时发生屈曲破坏,又足以保证其中部截面反映实际的残余应力。

现以图 3.10a 所示工字形截面为例,说明残余应力对轴心受压短柱的平均应力-应变(σ-ε)曲线的影响。假定工字形截面短柱的截面面积为 A,材料为理想弹塑性体,翼缘上最大残余应力 $\sigma_r = 0.3f_y$ 的分布规律如图 3.10a 所示。为使问题简化起见,忽略影响不大的腹板残余应力。当压力 F 作用时,截面上的应力为残余应力和压应力之和(图 3.10b)。因此,当 $F/A < 0.7f_y$ 时,截面上的应力处于弹性阶段。当 $F/A = 0.7f_y$ 时,翼缘端部应力达屈服点 f_y,这时短柱的平均应力-应变(σ-ε)曲线开始弯曲,该点被称为有效比例极限 $f_p = F/A = f_y - \sigma_r$(图 3.10c 中的 A 点)。当压力继续增加,$F/A \geq 0.7f_y$ 后,截面的屈服逐渐向中间发展,能承受外力的弹性区逐渐减小,压缩应变相对增大,在短柱的平均应力-应变(σ-ε)曲线上反映为弹塑性过渡阶段(图 3.10c 中的 B 点)。直到 $F/A = f_y$ 时,整个翼缘截面完全屈服(图 3.10c 中的 C 点)。

由此可见,短柱试验的平均应力-应变(σ-ε)曲线与其截面残余应力分布有关,而比例极限 $f_p = f_y - \sigma_r$ 则与截面最大残余压应力有关。残余应力的存在,降低了杆件的比例极限。当应力超过比例极限后,残余应力使杆件的平均应力-应变(σ-ε)曲线变成非线性关系,同时减小了截面的有效面积和有效惯性矩,从而降低了杆件的刚度和稳定承载力。

(2) 残余应力对杆件稳定承载力的影响

若 $\sigma = F_N/A \leq f_p = f_y - \sigma_r$ 或长细比 $\lambda \geq \lambda_p = \pi\sqrt{E/f_p}$ 时(见 3.2.2 节),杆件处于弹性阶段,可采用欧拉公式(1.13)与式(1.15)计算其临界力与临界应力。

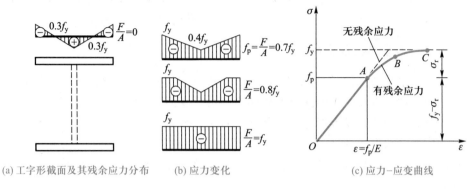

(a) 工字形截面及其残余应力分布   (b) 应力变化   (c) 应力–应变曲线

图 3.10   残余应力对轴心受压短柱平均应力-应变(σ-ε)曲线的影响

若 $f_p \leqslant \sigma \leqslant f_y$,杆件进入弹塑性阶段,截面出现部分塑性区和部分弹性区。已屈服的塑性区,弹性模量 $E = 0$,不能继续有效地承载,导致杆件屈曲时稳定承载力降低。因此,只能按弹性区截面的有效截面惯性矩 I_e 来计算其临界力,即

$$F_{cr} = \frac{\pi^2 E I_e}{l^2} \tag{3.26}$$

相应临界应力为

$$\sigma_{cr} = \frac{F_{cr}}{A} = \frac{\pi^2 EI}{l^2 A} \times \frac{I_e}{I} = \frac{\pi^2 E}{\lambda^2} \times \frac{I_e}{I} = \frac{\pi^2 E_t}{\lambda^2} \tag{3.27}$$

式(3.27)表明,考虑残余应力影响时,弹塑性屈曲的临界应力为弹性欧拉临界应力乘以小于 1 的折减系数 I_e/I。比值 I_e/I 取决于杆件截面形状尺寸、残余应力的分布和大小,以及杆件屈曲时的弯曲方向。$E_t = EI_e/I$ 称为有效弹性模量或换算切线模量。

图 3.11 是翼缘为轧制边的工字形截面。由于残余应力的影响,翼缘四角先屈服,截面弹性部分的翼缘宽度为 b_e,令 $\eta = b_e/b = b_e t/bt = A_e/A$,$A_e$ 为截面弹性部分的面积,则绕 x 轴(忽略腹板面积)和 y 轴的有效弹性模量分别为
绕 x 轴(强)

$$E_{t,x} = \frac{EI_{e,x}}{I_x} = E \frac{2t\eta b h_1^2/4}{2tb h_1^2/4} = E\eta \tag{3.28}$$

绕 y 轴(弱)

$$E_{t,y} = \frac{EI_{e,y}}{I_y} = E \frac{2t(\eta b)^3/12}{2tb^3/12} = E\eta^3 \tag{3.29}$$

将式(3.28)和式(3.29)代入式(3.27),分别得到
绕 x 轴(强)

$$\sigma_{cr}=\frac{\pi^2 E\eta}{\lambda_x^2} \qquad (3.30)$$

绕 y 轴(弱)

$$\sigma_{cr}=\frac{\pi^2 E\eta^3}{\lambda_y^2} \qquad (3.31)$$

因 $\eta<1$,故 $E_{t,y}\ll E_{t,x}$。可见残余应力的不利影响对绕弱轴屈曲时比绕强轴屈曲时严重得多。原因是远离弱轴的部分是残余压应力最大的部分,而远离强轴的部分则兼有残余压应力和残余拉应力。

因为系数 η 随 σ_{cr} 变化,所以求解公式(3.30)、(3.31)时,尚需建立另一个 η 与 σ_{cr} 的关系式来联立求解,此关系式可根据内外力平衡关系来确定。

如图 3.11 所示,在弹塑性阶段

$$F_{cr}=2btf_y-2\eta bt\times\frac{\sigma_0}{2}=Af_y-\eta A\times\frac{\sigma_0}{2}$$

或

$$\sigma_{cr}=f_y-\eta\times\frac{\sigma_0}{2} \qquad (3.32)$$

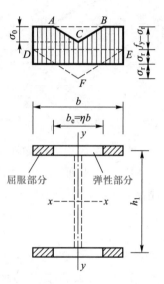

图 3.11 工字形截面的
弹性区与塑性区分布

由于 $\triangle ABC \backsim \triangle DEF$,则 $\sigma_0=\sigma_r\times\frac{2\eta b}{b}=2\sigma_r\eta$,

代入式(3.32)中,得

$$\sigma_{cr}=f_y-\eta\times\frac{\sigma_0}{2}=f_y-\sigma_r\eta^2 \qquad (3.33)$$

如果 $\sigma_r=0.3f_y$,则

$$\sigma_{cr}=(1-0.3\eta^2)f_y \qquad (3.34)$$

将式(3.34)与式(3.30)或式(3.31)联立求解后,可画出 σ_{cr}-λ 关系曲线(柱子曲线),如图 3.12 所示。可以看出,在 $\lambda\geqslant\lambda_p$ 的弹性范围内与欧拉曲线相同,在 $\lambda\leqslant\lambda_p$ 的弹塑性范围内绕强轴(x 轴)的临界力高于绕弱轴(y 轴)的临界力。

3.2.6 有弹性支承的轴心受压杆件的稳定

实际工程中受压杆件其端部大多既非铰接也非固接,而是介于铰接和固接之间,可称为具有弹性支承的受压杆件。例如,在计算排架、框架等结构稳定问题时,为研究其中某一杆件的稳定性,常将与其相连各杆的作用简化成弹性支承。如图 3.13 所示的结构,其稳定问题可简化为柱 AB 的稳定问题,而柱 CD 和

横梁对柱 AB 的作用就可用柱顶 B 处的弹性支承来代替。下面用静力法来计算这类压杆的临界荷载。

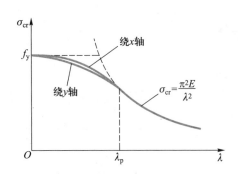

图 3.12   考虑残余应力影响的柱子曲线

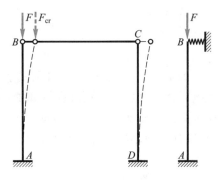

图 3.13   排架柱的稳定问题

（1）一端固定一端弹性水平约束支承的压杆

如图 3.14 所示，杆件在微弯曲平衡状态下，任一截面的弯矩为 $M = F(\delta+y)-k_b\delta(l-x)$，杆件失稳时的平衡微分方程为

$$EIy''+F(\delta+y)-k_b\delta(l-x)=0$$

或

$$EIy''+Fy=k_b\delta(l-x)-F\delta \qquad (3.35)$$

式中，δ 为弹性支承端 B 的水平位移；k_b 为弹簧刚度，表示使弹簧伸长单位长度所需要的力。令 $\alpha^2 = F/EI$，方程（3.35）的通解为

$$y=A\sin \alpha x+B\cos \alpha x+\delta\left[\frac{k_b}{F}(l-x)-1\right] \qquad (3.36)$$

由边界条件：① 当 $x=0$ 时，$y=0$；② 当 $x=0$ 时，$y'=0$；③ 当 $x=l$ 时，$y=-\delta$，得到如下关于待定常数 A、B 和 δ 的线性代数方程组：

$$\left.\begin{array}{r}B+\delta(k_b l/F-1)=0 \\ A\alpha-\delta k_b/F=0 \\ A\sin \alpha l+B\cos \alpha l=0\end{array}\right\}$$

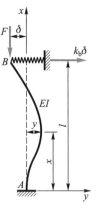

图 3.14   一端固定一端弹性水平约束支承的压杆

A、B 和 δ 不全为零的条件是上述方程组的系数行列式为零，即

$$\Delta = \begin{vmatrix} 0 & 1 & \dfrac{k_b l}{\alpha^2 EI}-1 \\[2ex] \alpha & 0 & -\dfrac{k_b}{\alpha^2 EI} \\[2ex] \sin \alpha l & \cos \alpha l & 0 \end{vmatrix} = 0$$

展开以上行列式,整理后可得稳定方程

$$\tan \alpha l = \alpha l - \frac{(\alpha l)^3 EI}{k_b l^3} \qquad (3.37)$$

求解稳定方程,得到 αl 的最小值 $(\alpha l)_{\min}$,由式 $\alpha^2 = F/EI$ 即可得到轴心受压杆件的临界荷载 $F_{cr} = EI \dfrac{(\alpha l)^2_{\min}}{l^2}$。

下面讨论弹簧刚度变化对计算长度的影响。把式(3.37)改写为

$$\frac{k_b l^3}{EI} \left[\frac{\tan \alpha l - \alpha l}{(\alpha l)^3} \right] + 1 = 0 \qquad (3.38)$$

临界荷载可用计算长度系数表示为

$$F_{cr} = \frac{\pi^2 EI}{(\mu l)^2} \qquad (3.39)$$

由 $\alpha^2 = F/EI$ 和式(3.39)得

$$\alpha l = \frac{\pi}{\mu}$$

令

$$\eta = \frac{k_b l^3}{EI} \qquad (3.40)$$

式(3.38)可写为

$$\eta = \frac{\left(\dfrac{\pi}{\mu} \right)^3}{\dfrac{\pi}{\mu} - \tan \dfrac{\pi}{\mu}} \qquad (3.41)$$

按式(3.39)计算临界荷载的步骤可归纳如下:① 先确定弹簧刚度 k_b,然后按式(3.40)计算参数 η;② 按式(3.41)算出计算长度系数 μ,为方便起见,η-μ 的数值关系可列成表 3.3;③ 将 μ 值代入式(3.39),就可求得临界荷载。

表 3.3 η-μ 的数值关系

η	0	1	2	3	4	5	6	8	10	12	14	17	20	23	∞
μ	2	1.74	1.56	1.43	1.32	1.24	1.18	1.07	0.99	0.94	0.89	0.84	0.80	0.78	0.7

(2)一端自由一端弹性转动约束支承的压杆

如图 3.15 所示,杆件在微弯曲平衡状态下,任一截面的弯矩为 $M = -F(\delta - y)$,杆件失稳时的平衡微分方程为

$$EIy'' - F(\delta - y) = 0 \qquad (3.42)$$

相应的边界条件为:① 当 $x = 0$ 时,$y = 0$;② 当 $x = 0$ 时,$y' = \theta = \dfrac{F\delta}{R}$;③ 当 $x = l$

时,$y=\delta$。R 为弹簧转动刚度,它表示使支座产生单位转角所需要的力矩。

解微分方程式(3.42),并利用边界条件,可得稳定方程

$$\alpha l \tan \alpha l = \frac{Rl}{EI} \tag{3.43}$$

式中,参数 $\alpha = \sqrt{F/EI}$ 。

（3）一端铰支一端弹性转动约束支承的压杆

如图 3.16 所示,杆件在微弯曲平衡状态下,任一截面的弯矩为 $M = Fy + F_{Q}(l-x)$,杆件失稳时的平衡微分方程为

$$EIy'' + Fy + F_{Q}(l-x) = 0 \tag{3.44}$$

相应的边界条件为:① 当 $x=0$ 时,$y=0$;② 当 $x=0$ 时,$y' = -\dfrac{F_{Q}l}{R}$;③ 当 $x=l$ 时,$y=0$。

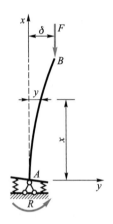

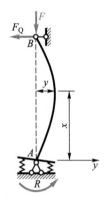

图 3.15　一端自由一端弹性转动　　　　图 3.16　一端铰支一端弹性转动
　　　　约束支承的压杆　　　　　　　　　　　约束支承的压杆

解微分方程式(3.44),并利用边界条件,可得稳定方程

$$\tan \alpha l = \alpha l \frac{1}{1+(\alpha l)^{2} \dfrac{EI}{Rl}} \tag{3.45}$$

式中,参数 $\alpha = \sqrt{F/EI}$ 。

【例 3.2】　试求图 3.17a 所示结构的稳定方程。设各杆的 EI 为常数。

【解】　将 CD 杆对 AB 杆的约束用弹性转动约束支承代替,AB 杆就可看作一端铰支一端弹性转动约束支承的压杆。根据材料力学知识,可求得转动刚度为

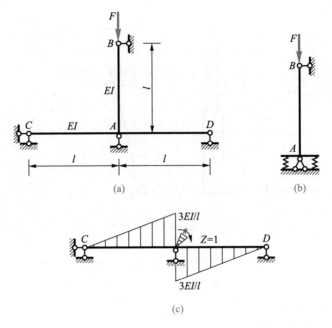

图 3.17　例 3.2 图

$$R = \frac{3EI}{l} + \frac{3EI}{l} = \frac{6EI}{l} \tag{3.46}$$

代入式(3.45)中,得稳定方程为

$$\tan \alpha l = \alpha l \frac{1}{1+\dfrac{(\alpha l)^2}{6}} \tag{3.47}$$

式中,参数 $\alpha = \sqrt{F/EI}$。

3.2.7　变截面轴心压杆的稳定

为了使结构受力更合理或满足构造要求,有时需要使用变截面轴心受压杆件。本节主要讨论变截面轴心压杆整体稳定问题的求解方法。

图 3.18 为具有一级台阶的轴心受压杆件,其顶端受轴向力 F 作用,上部为自由端,底部固定;上部刚度为 EI_1,下部刚度为 EI_2。分别对上、下部分建立如下平衡方程

$$EI_1 y_1'' = F(\delta - y_1) \tag{3.48}$$

$$EI_2 y_2'' = F(\delta - y_2) \tag{3.49}$$

其通解分别为

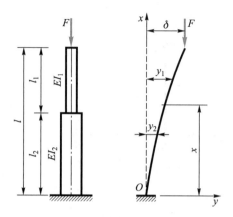

图 3.18　顶端轴力作用下的一级台阶悬臂轴心压杆

$$y_1 = A_1 \cos \alpha_1 x + B_1 \sin \alpha_1 x + \delta \tag{3.50}$$

$$y_2 = A_2 \cos \alpha_2 x + B_2 \sin \alpha_2 x + \delta \tag{3.51}$$

式中，$\alpha_1 = \sqrt{F/EI_1}$；$\alpha_2 = \sqrt{F/EI_2}$。

由边界条件及连续性条件得到

（1）当 $x=0$ 时，$y_2=0$，有 $A_2=-\delta$；

（2）当 $x=0$ 时，$y_2'=0$，有 $B_2=0$；

（3）当 $x=l$ 时，$y_1=\delta$；当 $x=l_2$ 时，$y_1=y_2$，$y_1'=y_2'$，得到

$$\left.\begin{array}{l} A_1 \cos \alpha_1 l + B_1 \sin \alpha_1 l = 0 \\[2mm] A_1 \cos \alpha_1 l_2 + B_1 \sin \alpha_1 l_2 + \delta \cos \alpha_2 l_2 = 0 \\[2mm] A_1 \alpha_1 \sin \alpha_1 l_2 - B_1 \alpha_1 \cos \alpha_1 l_2 + \delta \alpha_2 \sin \alpha_2 l_2 = 0 \end{array}\right\} \tag{3.52}$$

方程（3.52）中 A_1、B_1 和 δ 不全为零的条件是

$$\Delta = \begin{vmatrix} \cos \alpha_1 l & \sin \alpha_1 l & 0 \\[3mm] \cos \alpha_1 l_2 & \sin \alpha_1 l_2 & \cos \alpha_2 l_2 \\[3mm] \sin \alpha_1 l_2 & -\cos \alpha_1 l_2 & \dfrac{\alpha_2}{\alpha_1} \sin \alpha_2 l_2 \end{vmatrix} = 0 \tag{3.53}$$

展开式（3.53）后，得稳定方程

$$\tan \alpha_1 l_1 \tan \alpha_2 l_2 = \frac{\alpha_1}{\alpha_2} \tag{3.54}$$

令 $\beta = l_1/l_2$，$m = I_2/I_1$，则 $\alpha_2 = \sqrt{F/EI_2} = \dfrac{1}{\sqrt{m}} \alpha_1$，式（3.54）可写为

$$\tan \alpha_1 l_1 \tan \frac{\alpha_1 l_1}{\beta \sqrt{m}} = \sqrt{m} \qquad (3.55)$$

当给出 m 与 β 值时,由上式解得 $\alpha_1 l_1$,再按式 $\alpha_1 = \sqrt{F/EI_1}$ 求出临界荷载。例如,设 $m = 2$,$l_1 = l_2 = l/2$,由上式可解得 $\alpha_1 l_1 = 1.02$,相应的临界荷载为

$$F_{cr} = \alpha_1^2 EI_1 = \frac{4(\alpha_1 l_1)^2 EI_1}{(2l_1)^2} = \frac{4.162 EI_1}{l^2}$$

对在台阶处还作用有轴向力 F_2 的情况(图 3.19),可采用相同的方法得到稳定方程

$$\tan \alpha_1 l_1 \tan \alpha_2 l_2 = \frac{\alpha_1}{\alpha_2} \frac{F_1 + F_2}{F_1} \qquad (3.56)$$

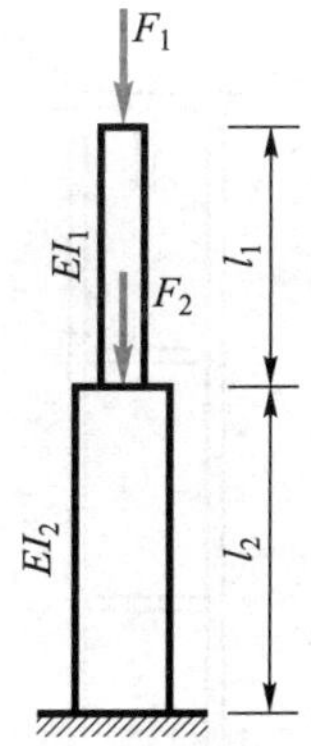

式中,$\alpha_1 = \sqrt{F_1/EI_1}$;$\alpha_2 = \sqrt{(F_1 + F_2)/EI_2}$。

图 3.19 双轴力作用下的一级台阶悬臂轴心压杆

当给定 I_1/I_2、F_1/F_2、l_1/l_2 各比值时,求解式(3.56)可得出临界荷载。

3.3 格构式轴心受压杆件的稳定

轴心受压杆件按其截面组成可以分为实腹式杆件和格构式杆件两种(图 3.20)。实腹式杆件具有整体连通的截面(图 3.20a)。格构式杆件一般由两个或多个分肢用缀件(包括缀板和缀条)联系组成(图 3.20b、c),采用较多的是两分肢格构式杆件。轴心受压杆件的临界荷载与杆件截面的惯性矩成正比,与计算长度的平方成反比。因此,减小杆件的计算长度和增加截面惯性矩可以提高杆件的临界荷载。由材料力学可知,在截面面积不变的条件下,将材料布置在离形心较远的位置,其惯性矩将提高很多,因此格构式杆件在不增大截面面积的情况下提高了受压杆件的稳定性。

在格构式杆件截面中,通过分肢腹板的主轴称为实轴,通过分肢缀件的主轴称为虚轴。分肢通常采用轧制槽钢或工字钢,承受较大荷载时可采用焊接工字形或槽形组合截面。缀件有缀板和缀条两种,一般设置在分肢翼缘两侧平面内,其作用是将分肢连成整体,使其共同受力,并承受绕虚轴弯曲时产生的剪力。缀条一般用单角钢斜杆或单角钢斜杆加横杆构成,单角钢缀条与分肢的翼缘组成桁架体系,使承受横向剪力时有较大的刚度;缀板常采用钢板,与分肢的翼缘组成刚架体系。

就稳定问题而言,轴心受压杆件整体弯曲后,沿杆件长度方向上各截面将产生弯矩和剪力。对实腹式杆件,剪力引起的附加变形很小,对临界力的影响只占 3/1 000 左右。因此在确定实腹式轴心受压杆件整体稳定的临界力时,只需考虑

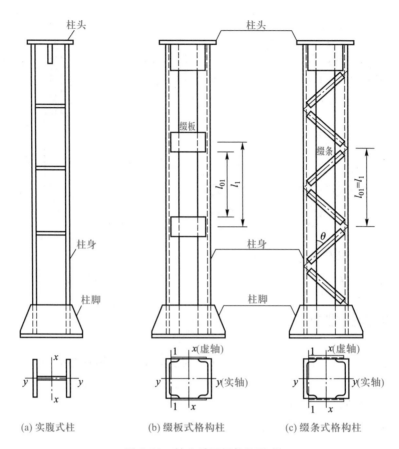

(a) 实腹式柱　　(b) 缀板式格构柱　　(c) 缀条式格构柱

图 3.20　轴心受压杆件的形式

由弯矩作用产生的变形,而忽略剪力所产生的变形。格构式轴心受压杆件绕实轴的弯曲失稳情况与实腹式轴心受压杆件没有区别,但格构式轴心受压杆件绕虚轴弯曲失稳时,因分肢间只是每隔一定距离用缀条或缀板联系起来,而不是实体相连,连接两分肢的缀条或缀板的抗剪刚度比实腹式杆件的腹板弱,导致缀条或缀板的剪切变形较大。因此,格构式轴心受压杆件在微弯平衡状态下,除弯曲变形外,还需要考虑剪切变形,不能忽略剪切变形对格构式轴心受压杆件临界力的影响。

3.3.1　剪切变形对临界力的影响

　　研究图 3.21 所示轴心受压杆件,考虑小变形。设 y_M 表示由弯矩产生的挠度,y_{F_Q} 表示由剪力产生的挠度,根据叠加原理,在弯矩和剪力共同作用下产生的挠度为

$$y = y_M + y_{F_Q}$$

或

$$\frac{\mathrm{d}^2 y}{\mathrm{d}x^2} = \frac{\mathrm{d}^2 y_M}{\mathrm{d}x^2} + \frac{\mathrm{d}^2 y_{F_Q}}{\mathrm{d}x^2} \qquad (3.57)$$

由弯矩引起的变形曲率为

$$\frac{\mathrm{d}^2 y_M}{\mathrm{d}x^2} = -\frac{M}{EI} \qquad (3.58)$$

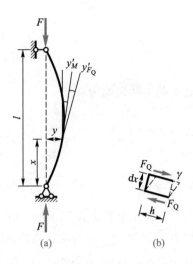

图 3.21 剪切变形对轴心受压杆件临界力的影响

由材料力学可知,杆件在屈曲变形时由剪力对变形产生的附加转角 y'_{F_Q}(图 3.21)为

$$y'_{F_Q} = \gamma = k\frac{F_Q}{GA} = \frac{k}{GA}\frac{\mathrm{d}M}{\mathrm{d}x}$$

将上式对 x 求导数一次,得到由剪力引起的变形曲率为

$$\frac{\mathrm{d}^2 y_{F_Q}}{\mathrm{d}x^2} = \frac{k}{GA}\frac{\mathrm{d}^2 M}{\mathrm{d}x^2} \qquad (3.59)$$

式中,系数 k 为截面形状系数,对圆截面 $k = 10/9$,对圆环 $k = 2$,对矩形截面 $k = 6/5$,对工字形截面 $k = A/A_f$(A_f 为工字形截面的腹板面积,A 为杆件的横截面面积);G 为剪切模量。

将式(3.58)和式(3.59)代入式(3.57),得

$$\frac{\mathrm{d}^2 y}{\mathrm{d}x^2} = -\frac{M}{EI} + \frac{k}{GA}\frac{\mathrm{d}^2 M}{\mathrm{d}x^2}$$

对图 3.21 所示轴心受压杆件,任一截面弯矩 $M = Fy$,相应地有 $M'' = Fy''$,代入上式得

$$EI\left(1 - \frac{kF}{GA}\right)y'' + Fy = 0 \qquad (3.60)$$

这个方程与不考虑剪力影响的区别仅在于二阶导数项多了一个因子 $\left(1 - \dfrac{kF}{GA}\right)$。

令 $m = \sqrt{\dfrac{F}{EI\left(1 - \dfrac{kF}{GA}\right)}}$,则式(3.60)为

$$y'' + m^2 y = 0$$

该方程的解为

$$y = A\cos mx + B\sin mx$$

利用边界条件 $y(0) = 0$、$y(l) = 0$,得到稳定方程

$$\sin ml = 0$$

可得到临界荷载为

$$F_{cr} = \frac{\pi^2 EI}{l^2} \frac{1}{1 + \dfrac{k}{GA} \dfrac{\pi^2 EI}{l^2}} = \frac{\pi^2 EI}{l^2} \frac{1}{1 + \bar{\gamma} \dfrac{\pi^2 EI}{l^2}} \qquad (3.61)$$

式中剪力的影响为

$$\frac{1}{1 + \dfrac{k}{GA} \dfrac{\pi^2 EI}{l^2}} = \frac{1}{1 + \dfrac{k\sigma_e}{G}} \qquad (3.62)$$

式中，$\bar{\gamma} = \dfrac{k}{GA}$ 为单位剪力 $F_Q = 1$ 作用下产生的附加转角，$\sigma_e = \dfrac{\pi^2 EI}{l^2 A}$ 为欧拉临界应力。如某工字形截面钢压杆，近似取 $k = 1$，剪切模量 $G = 8\,000\ \text{kN/cm}^2$，欧拉临界应力 $\sigma_e = 20\ \text{kN/cm}^2$，则剪力的影响为 1/400，可以忽略不计。实际上，对于实腹式轴心受压杆件，$\bar{\gamma}$ 很小，因此在计算其稳定性时，可以忽略剪切变形的影响。

3.3.2　缀条式轴心受压杆件的临界荷载

下面研究图 3.22a 所示双肢缀条式格构轴心受压杆件绕虚轴 x-x 弯曲失稳的临界力计算问题。绕实轴 y-y 的弯曲失稳临界力计算与实腹式截面的一样，可以忽略剪切变形的影响。假设横缀条长为 b，两相邻横缀条间距为 d，两横缀条横截面面积之和为 A_h，两斜缀条横截面面积之和为 A_{1x}，两个柱肢的横截面面积之和为 A。为了计算单位剪力作用下的剪切角，取图 3.22b 所示的一个节间来考虑，注意，这是与实轴 y 轴对称的两个缀条面的叠合。缀条一般均采用角钢，可近似地将节点视为铰接。于是对间距为 d、宽为 b 的一个节间，当有横向力 $F_Q = 1$ 作用时，节间侧移产生剪切角 $\bar{\gamma}$ 为

$$\bar{\gamma} = \tan \bar{\gamma} = \frac{\delta_{11}}{d} \qquad (3.63)$$

根据结构力学计算方法，式中

$$\delta_{11} = \sum \frac{F_{Ni}^2 l_i}{EA_i} \qquad (3.64)$$

对横杆 $F_{N1} = -1$，杆长 $l_1 = b = \dfrac{d}{\tan \alpha}$，斜杆内力 $F_{N2} = \dfrac{1}{\cos \alpha}$，杆长 $l_2 = \dfrac{d}{\sin \alpha}$。按式 (3.63) 计算剪切角 $\bar{\gamma}$ 时，由于柱肢的截面面积较缀条的大很多，在 δ_{11} 中可不计及柱肢变形。又由于每相邻两节间共有一对横杆，故只需考虑一对横杆的作用。故由式 (3.64)，得

$$\delta_{11} = \frac{d}{E} \left(\frac{1}{A_{1x} \sin \alpha \cos^2 \alpha} + \frac{1}{A_h \tan \alpha} \right) \qquad (3.65)$$

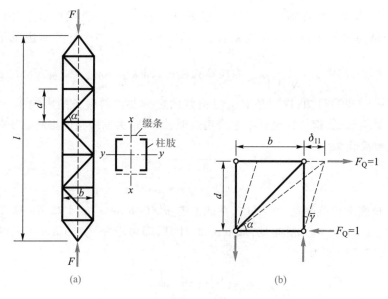

图 3.22 双肢缀条式格构轴心受压杆件

$$\bar{\gamma} = \frac{1}{E}\left(\frac{1}{A_{1x}\sin\alpha\cos^2\alpha} + \frac{1}{A_h\tan\alpha}\right) \tag{3.66}$$

式中,第一项表示斜缀条的影响,第二项表示横缀条的影响。将 $\bar{\gamma}$ 代入式 (3.61),得绕虚轴 x-x 弯曲失稳的临界荷载为

$$F_{\mathrm{cr},x} = \frac{\pi^2 EI_x}{l_x^2} \cdot \frac{1}{1 + \dfrac{\pi^2 EI_x}{l_x^2}\dfrac{1}{E}\left(\dfrac{1}{A_{1x}\sin\alpha\cos^2\alpha} + \dfrac{1}{A_h\tan\alpha}\right)} \tag{3.67}$$

可将上式写成临界荷载的统一形式,即

$$F_{\mathrm{cr},x} = \frac{\pi^2 EI_x}{(\mu l_x)^2} \tag{3.68}$$

式中计算长度系数为

$$\mu = \sqrt{1 + \frac{\pi^2 EI_x}{l_x^2}\frac{1}{E}\left(\frac{1}{A_{1x}\sin\alpha\cos^2\alpha} + \frac{1}{A_h\tan\alpha}\right)}$$

或写为

$$\mu = \sqrt{1 + \frac{\pi^2 A}{\lambda_x^2}\left(\frac{1}{A_{1x}\sin\alpha\cos^2\alpha} + \frac{1}{A_h\tan\alpha}\right)} \tag{3.69}$$

相应的临界应力为

$$\sigma_{\mathrm{cr},x} = \frac{\pi^2 E}{(\mu\lambda_x)^2} = \frac{\pi^2 E}{\lambda_{0x}^2} \tag{3.70}$$

式中,l_x 为缀条柱绕虚轴 x-x 整体失稳的计算长度;I_x 为全截面对虚轴的惯性矩;μ 为格构缀条柱的计算长度系数,显然,$\mu > 1$;λ_x 为整个杆件对虚轴的长细比,$\lambda_x = l_x/i_x$,其中 $i_x = \sqrt{\dfrac{I_x}{A}}$;$\lambda_{0x}$ 为换算长细比,即 $\lambda_{0x} = \mu\lambda_x$。

由式(3.69)可知,横缀条对临界荷载的影响要比斜缀条的影响小。因此,为计算简便起见,钢结构设计中常采用近似计算,略去横缀条的影响。于是计算长度系数简化为

$$\mu = \sqrt{1 + \frac{A}{\lambda_x^2 A_{1x}} \frac{\pi^2}{\sin\alpha\cos^2\alpha}} \tag{3.71}$$

通常 α 角度常用范围是 $20° \sim 50°$,在此范围 $\pi^2/(\sin\alpha\cos^2\alpha) = 25.6 \sim 32.7$,变化不大(图3.23)。为方便起见,取 $\alpha = 45°$ 计算,即可取 $\pi^2/(\sin\alpha\cos^2\alpha)$ 为常数27,则式(3.71)变为

$$\mu \approx \sqrt{1 + 27\frac{A}{A_{1x}\lambda_x^2}} \tag{3.72}$$

相应的换算长细比 λ_{0x} 的计算公式为

$$\lambda_{0x} = \mu\lambda_x = \sqrt{\lambda_x^2 + 27\frac{A}{A_{1x}}} \tag{3.73}$$

显然,考虑剪切变形影响后,换算长细比 λ_{0x} 大于实际长细比 λ_x,说明剪切变形会使杆件的临界荷载降低。

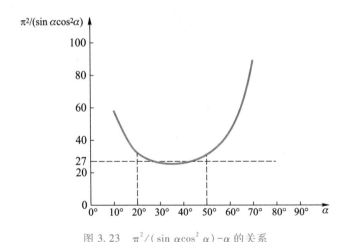

图3.23 $\pi^2/(\sin\alpha\cos^2\alpha)$-$\alpha$ 的关系

3.3.3   缀板式轴心受压杆件的临界荷载

下面研究图3.24a所示双肢缀板式格构轴心受压杆件绕虚轴 x-x 弯曲失稳

的临界力计算问题。缀板一般采用矩形钢板,与分肢焊接,其横截面相同且等距
布置,缀板与分肢的连接可视为刚性连接,缀板式杆件的每个缀板面如同缀板与
杆件分肢组成的单跨多层平面刚架体系。杆件受力弯曲时,可近似地认为反弯
点分布在各段分肢和缀板的中点,故可截取一个 H 型节段来计算其剪切角。
图 3.24b 为一个 H 型节段(与 y 轴对称的两个缀板面叠合)在单位横向剪力
$F_Q = 1$ 作用下的变形图,为了计算其剪切角,先作图 3.24c 所示的单位弯矩图,
采用图乘法,求得 H 型节段在单位横向剪力 $F_Q = 1$ 作用下的位移为

$$\delta_{11} = \sum \int \frac{M_i^2 \mathrm{d}s}{EI} = \frac{d^3}{24EI_1} + \frac{bd^2}{12EI_b}$$

剪切角为

$$\bar{\gamma} = \frac{\delta_{11}}{d} = \frac{d^2}{24EI_1} + \frac{bd}{12EI_b} \tag{3.74}$$

式中,I_1 为单肢对自身形心主轴的惯性矩;I_b 为缀板的惯性矩。将式(3.74)代
入式(3.61),得绕虚轴 x-x 弯曲失稳的临界荷载为

$$F_{\mathrm{cr},x} = \frac{\pi^2 EI_x}{l_x^2} \frac{1}{1 + \dfrac{\pi^2 EI_x}{l_x^2}\left(\dfrac{d^2}{24EI_1} + \dfrac{bd}{12EI_b}\right)} = \frac{\pi^2 EI_x}{(\mu l_x)^2} \tag{3.75}$$

式中计算长度系数

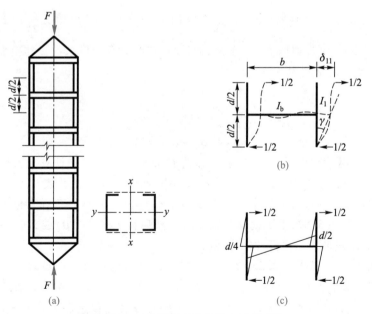

图 3.24 双肢缀板式格构轴心受压杆件

$$\mu = \sqrt{1 + \frac{\pi^2 E I_x}{l_x^2}\left(\frac{d^2}{24 E I_1} + \frac{bd}{12 E I_b}\right)}$$

或

$$\mu = \sqrt{1 + \frac{\pi^2 A}{\lambda_x^2}\left(\frac{d^2}{24 I_1} + \frac{bd}{12 I_b}\right)} \tag{3.76}$$

相应的临界应力为

$$\sigma_{\mathrm{cr},x} = \frac{\pi^2 E}{(\mu\lambda_x)^2} = \frac{\pi^2 E}{\lambda_{0x}^2} \tag{3.77}$$

换算长细比为

$$\lambda_{0x} = \mu\lambda_x \tag{3.78}$$

两分肢的截面面积之和为 $A = 2A_1$，A_1 为单个分肢的截面面积；单个分肢截面的回转半径为 i_1，则 $i_1^2 = I_1/A_1$，单个分肢节间段的长细比为 $\lambda_1 = d/i_1$。将这些关系式代入式(3.76)，得

$$\mu = \sqrt{1 + \frac{\pi^2}{12}\frac{\lambda_1^2}{\lambda_x^2}\left(1 + 2\frac{I_1/d}{I_b/b}\right)} \tag{3.79}$$

相应的换算长细比为

$$\lambda_{0x} = \sqrt{\lambda_x^2 + \frac{\pi^2}{12}\left(1 + 2\frac{I_1/d}{I_b/b}\right)\lambda_1^2} \tag{3.80}$$

一般情况下，缀板刚度较大，如在常用范围 $\dfrac{I_b/b}{I_1/d} = 6 \sim 20$ 时，$\dfrac{\pi^2}{12}\left(1 + 2\dfrac{I_1/d}{I_b/b}\right) = 1.097 \sim 0.905$，可近似取为 1。于是，为计算方便，计算长度系数 μ 和换算长细比 λ_{0x} 的计算公式分别为

$$\mu = \sqrt{1 + \frac{\lambda_1^2}{\lambda_x^2}} \tag{3.81}$$

$$\lambda_{0x} = \mu\lambda_x = \sqrt{\lambda_x^2 + \lambda_1^2} \tag{3.82}$$

综上所述，格构式轴心受压杆件临界荷载和临界应力的计算与实腹式杆件相同。计算时，可先按式(3.72)或式(3.81)求出计算长度系数 μ，然后代入式(3.68)或式(3.75)就可以求出格构式轴心受压杆件的临界荷载。也可以先按式(3.73)或式(3.82)求出换算长细比 λ_{0x}，然后代入式(3.70)式(3.77)就可以求出格构式轴心受压杆件的临界应力。

【例 3.3】 试求图 3.25 所示缀条式格构轴心受压杆件绕虚轴弯曲失稳的临界荷载和临界应力。钢材的比例极限 $f_p = 295$ N/mm^2，弹性模量 $E = 206 \times 10^3$ N/mm^2，截面无削弱。计算长度 $l_x = 12$ m，分肢面积之和 $A = 58.6$ cm^2，$I_1 = 111$ cm^4，$i_1 = 1.95$ cm，$i_y = 6.84$ cm，两个斜缀条的截面面积之和 $A_{1x} = 8.58$ cm^2。

【解】 截面惯性矩 $I_x = 2 \times [111 + 29.3 \times (26.32/2)^2]\ \mathrm{cm}^4 = 10\ 370.68\ \mathrm{cm}^4$

回转半径 $i_x = \sqrt{\dfrac{I_x}{A}} = \sqrt{\dfrac{10\ 370.68}{58.6}}\ \mathrm{cm} = 13.30\ \mathrm{cm}$

杆件实际长细比 $\lambda_x = \dfrac{l_x}{i_x} = \dfrac{1\ 200}{13.3} = 90.23$

计算长度系数 $\mu = \sqrt{1 + 27\dfrac{A}{A_{1x}\lambda_x^2}} = \sqrt{1 + 27 \times \dfrac{58.6}{8.58 \times 90.23^2}} = 1.011$

换算长细比 $\lambda_{0x} = \sqrt{\lambda_x^2 + 27\dfrac{A}{A_{1x}}} = \sqrt{90.23^2 + 27 \times \dfrac{58.6}{8.58}} = 91.25$

临界荷载 $F_{\mathrm{cr},x} = \dfrac{\pi^2 E I_x}{(\mu l_x)^2} = \dfrac{\pi^2 \times 206 \times 10^3 \times 10\ 370.68 \times 10^4}{(1.011 \times 12\ 000)^2}\ \mathrm{N}$

$\qquad\qquad = 1\ 431\ 096\ \mathrm{N} = 1\ 431\ \mathrm{kN}$

临界应力 $\sigma_{\mathrm{cr},x} = \dfrac{\pi^2 E}{\lambda_{0x}^2} = \dfrac{\pi^2 \times 206 \times 10^3}{91.25^2}\ \mathrm{N/mm^2} = 244\ \mathrm{N/mm^2} < 295\ \mathrm{N/mm^2}$

（弹性范围）

【例3.4】 如图3.26所示,将图3.25改成双肢缀板式格构轴心受压杆件,

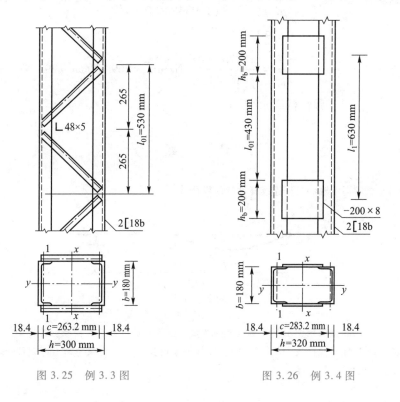

图 3.25　例 3.3 图　　　　　　　图 3.26　例 3.4 图

缀板纵向高度 h_b 为 200 mm,厚度 t_b 为 8 mm,其他条件不变。试求此杆件绕虚轴弯曲失稳的临界荷载和临界应力。

【解】 单个分肢节间段的长细比,即分肢对最小刚度轴的长细比

$$\lambda_1 = \frac{d}{i_1} = \frac{l_{01}}{i_1} = \frac{43}{1.95} = 22.05$$

截面惯性矩 $I_x = 2 \times (111 + 29.3 \times 14.16^2)\ \text{cm}^4 = 11\ 972\ \text{cm}^4$

回转半径 $i_x = \sqrt{\dfrac{I_x}{A}} = \sqrt{\dfrac{11\ 972}{58.6}}\ \text{cm} = 14.29\ \text{cm}$

杆件实际长细比 $\lambda_x = \dfrac{l_{0x}}{i_x} = \dfrac{1\ 200}{14.29} = 83.97$

计算长度系数 $\mu = \sqrt{1 + \dfrac{\lambda_1^2}{\lambda_x^2}} = \sqrt{1 + \dfrac{22.05^2}{83.97^2}} = 1.034$

换算长细比 $\lambda_{0x} = \sqrt{\lambda_x^2 + \lambda_1^2} = \sqrt{83.97^2 + 22.05^2} = 86.82$

临界荷载 $F_{\text{cr},x} = \dfrac{\pi^2 E I_x}{(\mu l_x)^2} = \dfrac{\pi^2 \times 206 \times 10^3 \times 11\ 972 \times 10^4}{(1.034 \times 12\ 000)^2}\ \text{N} = 1\ 579\ 391\ \text{N}$
$$= 1\ 579\ \text{kN}$$

临界应力 $\sigma_{\text{cr},x} = \dfrac{\pi^2 E}{\lambda_{0x}^2} = \dfrac{\pi^2 \times 206 \times 10^3}{86.82^2}\ \text{N/mm}^2 = 269\ \text{N/mm}^2 < 295\ \text{N/mm}^2$

(弹性范围)

<h2 style="text-align:center">习   题</h2>

3.1 试求图示轴心受压连续杆件的临界荷载。

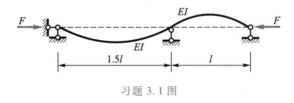

习题 3.1 图

3.2 试用能量法求图示弹性地基上的两端铰接轴心压杆的临界荷载。弹性地基的约束力常数为 C(当柱子挠曲发生单位挠度时,地基每单位长度上的约束力为 C),设柱子的挠度曲线为无穷级数

$$y = \sum_{n=1}^{\infty} a_n \sin \frac{n\pi x}{l}$$

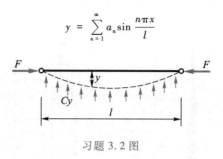

习题 3.2 图

3.3　试求图示结构的临界荷载。

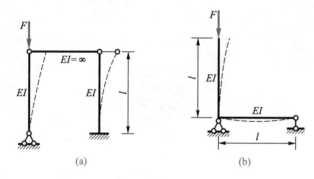

习题 3.3 图

3.4　试推导图示结构的稳定方程。

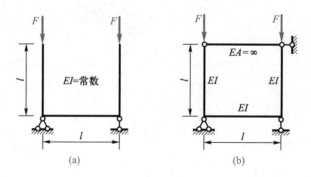

习题 3.4 图

3.5　试用能量法求图示阶梯形轴心压杆的临界荷载。假设取相应的等截面压杆屈曲形式作为近似位移曲线。

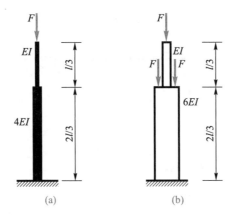

习题 3.5 图

第 3 章
习题答案

第4章
杆件的扭转与梁的弯扭屈曲

4.1 引言

第4章
教学课件

梁是受弯构件,主要承受横向荷载,在建筑中常用做吊车梁、楼盖梁、工作平台梁、屋架檩条和墙架梁等。梁在弯矩作用平面内的弯曲刚度通常比侧向弯曲刚度和扭转刚度大,梁在荷载作用下侧向失稳时,既产生侧向弯曲,又产生扭转变形。如果把梁的受压部分看成一根压杆,那么在梁达到临界荷载时,这根压杆就要屈曲。由于梁的受压部分在竖向受到腹板的连续支承,因此压杆屈曲时必然是向侧向弯曲;又由于梁的受拉部分不会失稳,因此梁的受压部分屈曲时,必然引起整个截面的扭转。要研究梁的弯扭屈曲,必须先了解杆件的扭转理论。本章先介绍薄壁杆件的扭转理论,然后讨论梁的弯扭屈曲问题。

4.2 自由扭转

非圆形截面的杆件扭转时,截面除绕杆件轴线转动外,截面上各点还会发生不同的轴向位移而使截面出现凹凸,不像圆截面杆件那样扭转后还保持平面,这种现象称为翘曲。如果杆件扭转时,横截面上各点的轴向位移不受任何约束,截面可以自由翘曲,这种扭转称为自由扭转。为了纪念法国工程师圣维南(Saint-Venant)在扭转理论上的贡献,自由扭转又称为圣维南扭转。自由扭转有两个特点:

① 截面翘曲相同、没有正应力。非圆形截面的杆件自由扭转时,截面将发生翘曲,但不同横截面上相应点的轴向位移相同,即每个纵向纤维的长度保持不变,也就是说各个横截面的翘曲变形完全相同。因此,自由扭转时,每个纵向纤维不产生轴向应变,杆件横截面上没有正应力而只有剪应力,并且在各个截面上的剪应力分布相同。基于这个特点,自由扭转又可称为均匀扭转或纯扭转。

② 自由扭转时,杆件的所有纵向纤维不发生弯曲而保持直线,因此杆件不

发生弯曲变形。

　　图 4.1 为工字钢自由扭转时的变形情况。在扭转过程中,翼缘和腹板上所有纵向纤维均保持直线,上翼缘与下翼缘相互扭转了一个角度,即产生了扭角 φ。由弹性力学知,非圆截面杆件离杆端 z 处的扭角为

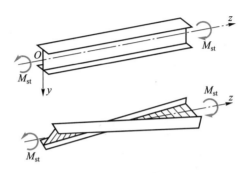

图 4.1　工字钢的自由扭转

$$\varphi = \frac{M_{st}z}{GI_t} \qquad (4.1)$$

式中,G 为材料的剪切弹性模量;I_t 为截面的自由扭转惯性矩(或称为截面的扭转常数);GI_t 为截面的抗扭刚度;M_{st} 为作用于杆端的扭矩。将式(4.1)对杆件轴线坐标 z 求导数,可得扭率为

$$\varphi' = \frac{d\varphi}{dz} = \frac{M_{st}}{GI_t} \qquad (4.2)$$

于是,自由扭转时的扭矩 M_{st} 与扭率 φ' 之间的关系为

$$M_{st} = GI_t\frac{d\varphi}{dz} \qquad (4.3)$$

　　关于扭转常数,弹性力学已证明,狭长矩形截面的扭转常数可近似地取为

$$I_t = \frac{bt^3}{3}$$

当杆件截面由几个狭长矩形截面板件组成时,如工字形、T 形、槽形和角形等截面,根据整个截面的扭角和各组成板件扭角相同的条件可推出,总的截面扭转常数为各板件的扭转常数 I_{it} 之和。如果考虑狭长板件连接处的局部加强作用,引入截面形状系数 k,则杆件截面的扭转常数为

$$I_t = \sum_{i=1}^{n} I_{it} = \frac{k}{3}\sum_{i=1}^{n} b_i t_i^3 \qquad (4.4)$$

式中,b_i 和 t_i 分别为第 i 个狭长板件的宽度和厚度;n 为组成截面的狭长矩形的数目;k 为截面形状系数,角钢截面 $k=1.0$,双轴对称工字钢截面 $k=1.31$,单轴

对称工字钢截面 $k=1.25$,槽钢截面 $k=1.12$,T形钢截面 $k=1.15$。

根据弹性力学的推导,开口薄壁杆件自由扭转时,截面上的剪应力方向与中心线平行,且沿薄壁厚度 t_i 线性分布,在中心线上剪应力为零,截面周边边缘处为最大。在纯扭转中,截面上只有由扭转引起的剪应力(无正应力存在),因此这个剪应力的合成必定是与外扭矩相等的一个扭矩,在截面内形成闭合循环的剪力流(图4.2)。截面周边边缘处任意点的剪应力为

$$\tau_s = \frac{M_{st} t_i}{I_t} \quad 或 \quad \tau_s = G\varphi' t_i \tag{4.5}$$

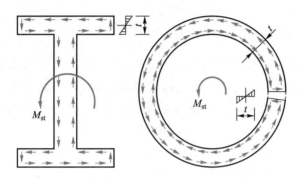

图 4.2　自由扭转时的剪应力分布

4.3　约束扭转

由于杆件的荷载分布情况或约束条件可能使杆件扭转时的翘曲受到约束。在图4.3a中,一扭矩作用于杆件跨中截面,杆件两端作用方向相反的平衡扭矩,此杆件的端部截面可以自由翘曲,而中部截面因对称性则不能翘曲;在图4.3b中,由于支座约束,受扭杆件的支座截面不能自由翘曲。杆件扭转时,横截面的轴向位移受到约束,即杆件扭转时截面的翘曲受到约束,这种扭转称为约束扭转。约束扭转有如下特点:沿杆件轴线各个截面的翘曲不相同,杆件的纵向纤维将发生拉伸或压缩变形,并且两相邻截面间各纵向纤维拉伸或压缩变形不同,各纤维的正应力 σ_ω 也不同,因而杆件发生弯曲变形,因此约束扭转又称为弯曲扭转。截面上产生的纵向正应力 σ_ω,称为翘曲正应力。截面上产生翘曲正应力的同时,必然产生与之平衡的剪应力,称为翘曲剪应力。截面上翘曲剪应力的合力组成的力矩称为翘曲扭矩,由自由扭转产生的剪应力的合力组成自由扭转扭矩。在约束扭转中,自由扭转扭矩和翘曲扭矩共同与外加扭矩相平衡。

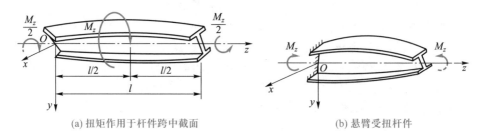

(a) 扭矩作用于杆件跨中截面　　　　　　　(b) 悬臂受扭杆件

图 4.3　约束扭转杆件

4.3.1　约束扭转的平衡微分方程

　　下面介绍双轴对称工字形截面约束扭转的计算。图 4.4a 是这种截面的悬臂梁,在自由端作用有集中扭矩 M_z;图 4.4b 是 z 截面处截面的转动,扭角为 φ,上翼缘中点向左位移为 u_f,由于翘曲受到一定限制,上下翼缘将发生相反方向的侧向弯曲;图 4.4c 是上下翼缘的弯曲变形。假定腹板在扭转后没有弯曲变形,因而上下翼缘产生相等侧移后仍然能与之保持垂直相交。约束扭转外扭矩 M_z 应该等于截面自由扭转扭矩 M_{st} 与翘曲扭矩 M_ω 之和,即

$$M_z = M_{st} + M_\omega \tag{4.6}$$

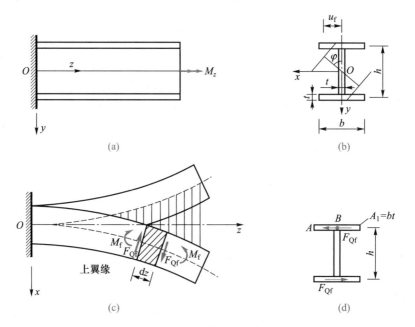

图 4.4　工字形截面的约束扭转

根据式(4.3),已知 $M_{st} = GI_t \dfrac{\mathrm{d}\varphi}{\mathrm{d}z} = GI_t\varphi'$,下面来求翘曲扭矩 M_ω。

由于扭角 φ 很小,故

$$u_f = \frac{h}{2}\varphi \tag{4.7}$$

翼缘的弯曲曲率为

$$\frac{M_f}{EI_1} = -\frac{\mathrm{d}^2 u_f}{\mathrm{d}z^2} = -\frac{h}{2}\frac{\mathrm{d}^2\varphi}{\mathrm{d}z^2} \tag{4.8}$$

式中,M_f 是约束扭转后在翼缘中产生的侧向弯矩;I_1 为一个翼缘截面对 y 轴的惯性矩,$I_1 = tb^3/12 \approx I_y/2$,$I_y$ 是整个截面对 y 轴的惯性矩。

由此可见,式(4.8)可写为

$$M_f = -E\left(\frac{I_y h}{4}\right)\frac{\mathrm{d}^2\varphi}{\mathrm{d}z^2} = -E\left(\frac{I_y h}{4}\right)\varphi'' \tag{4.9}$$

截面扭转时,上翼缘向左弯曲,下翼缘向右弯曲,方向相反。因此,上、下翼缘中由于翘曲产生的剪力 F_{Qf} 必然大小相等方向相反,这两个剪力形成的力矩就是翘曲力矩。根据式(4.9),由于弯曲产生的剪力为

$$F_{Qf} = \frac{\mathrm{d}M_f}{\mathrm{d}z} = -E\left(\frac{I_y h}{4}\right)\varphi''' \tag{4.10}$$

翘曲力矩为

$$M_\omega = F_{Qf}h = -E\left(\frac{I_y h^2}{4}\right)\varphi''' = -EI_\omega\varphi''' \tag{4.11}$$

式中,I_ω 为截面的翘曲扭转常数(或称为扇性惯性矩);EI_ω 为截面的翘曲刚度。

对双轴对称工字形截面 $I_\omega = \dfrac{I_y h^2}{4}$,其他截面的翘曲扭转常数 I_ω 见表4.1。

表 4.1　截面翘曲扭转常数

截面形式				
I_ω	$\dfrac{th^2}{12}\left(\dfrac{b_1^3 b_2^3}{b_1^3 + b_2^3}\right)$	$\dfrac{1}{36}\left(\dfrac{b^3 t^3}{4} + h^3\delta^3\right) \approx 0$	$\dfrac{t^3}{36}(b^3 + h^3) \approx 0$	$\dfrac{tb^3 h^3}{12}\left(\dfrac{3bt + 2h\delta}{6bt + h\delta}\right)$

把式(4.3)和式(4.11)代入式(4.6),得约束扭转的平衡微分方程为

$$M_z = GI_t\varphi' - EI_\omega\varphi'''\tag{4.12}$$

式(4.12)是开口薄壁杆件约束扭转的普遍公式,只是 I_ω 随截面形式不同而不同。求解约束扭转平衡微分方程(4.12),可得到扭角 φ 的表达式。将 φ 的表达式对 z 求一阶导数和三阶导数,代入式(4.3)和式(4.11),可求出自由扭转扭矩 M_{st} 和翘曲扭矩 M_ω 的表达式。

4.3.2　约束扭转的翘曲正应力与翘曲剪应力

约束扭转时,扭矩由自由扭转扭矩 M_{st} 与翘曲扭矩 M_ω 两部分组成,因此截面上的应力也由两部分组成。自由扭转扭矩 M_{st} 引起的截面周边边缘处任意点的剪应力由式(4.5)计算,翘曲扭矩 M_ω 引起的翘曲应力计算如下。

根据式(4.9),由于约束扭转引起的 A 点(图 4.4)的翘曲正应力为

$$\sigma_\omega = \frac{M_f}{I_1} \times \frac{b}{2} = -E\left(\frac{bh}{4}\right)\varphi'' = -E\omega\varphi''\tag{4.13}$$

式中,$\omega = \dfrac{bh}{4}$ 称为扇性坐标。

由式(4.10)知,翼缘上翘曲产生的剪力为 $F_{Qf} = -E\left(\dfrac{I_y h}{4}\right)\varphi'''$,则翼缘上的最大翘曲剪应力发生在 B 点,其值为

$$\tau_\omega = \frac{F_{Qf}S_B}{I_1 t}\tag{4.14}$$

将 $S_B = b^2 t/8$ 和 $I_1 = 2I_\omega/h^2$ 代入上式,翼缘上的最大翘曲剪应力还可以按下式计算,即

$$\tau_\omega = \frac{F_{Qf}S_\omega}{I_\omega t}\tag{4.15}$$

式中,$S_\omega = h^2 b^2 t/16$ 称为扇性静矩。

翘曲力矩计算公式(4.11)和这些翘曲应力计算公式(4.13)、(4.15)对任意开口薄壁截面都是适用的,只是其他截面的扭转特性几何常数 ω、S_ω 和 I_ω 应根据不同的截面取值。

从约束扭转平衡微分方程(4.12),求解扭转角 φ 的表达式,将 φ 的表达式对 z 求二阶导数和三阶导数,代入式(4.10)、(4.13)、(4.14)或式(4.15)中,即可求出相应的应力。

【例 4.1】　跨度中点承受一集中扭矩为 Fe 的杆件(图 4.5a),杆件的两端不能扭转,但可以自由翘曲。试写出杆件的纯扭矩 M_{st} 和约束扭矩 M_ω 的表达式。

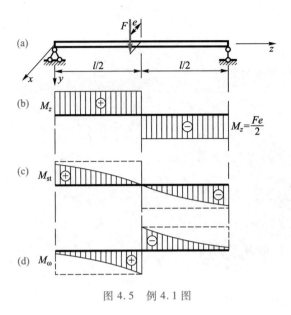

图 4.5 例 4.1 图

【解】 由式(4.12)知

$$M_z = GI_t \varphi' - EI_\omega \varphi'''$$

两边各除以 EI_ω,并令 $\alpha^2 = \dfrac{GI_t}{EI_\omega}$,则上式为

$$\varphi''' - \alpha^2 \varphi' = -\frac{M_z}{EI_\omega}$$

根据对称关系,梁的左半段 $M_z = \dfrac{Fe}{2}$,利用边界条件 $z = 0$ 时,$\varphi = 0$,$\varphi'' = 0$[因 $M_f = 0$,由式(4.9)得到],以及对称条件 $z = \dfrac{l}{2}$ 时,$\varphi' = 0$,可解得

$$\varphi = \frac{M_z}{GI_t}\left(z - \frac{\operatorname{sh}\alpha z}{\alpha \operatorname{ch}\dfrac{\alpha l}{2}} \right)$$

$$\varphi' = \frac{M_z}{GI_t}\left(1 - \frac{\operatorname{ch}\alpha z}{\operatorname{ch}\dfrac{\alpha l}{2}} \right)$$

$$\varphi'' = -\frac{M_z}{GI_t}\frac{\alpha \operatorname{sh}\alpha z}{\operatorname{ch}\dfrac{\alpha l}{2}}$$

$$\varphi''' = -\frac{M_z}{GI_t} \frac{\alpha^2 \operatorname{ch} \alpha z}{\operatorname{ch} \dfrac{\alpha l}{2}}$$

由式（4.3），得自由扭矩为

$$M_{st} = GI_t \varphi' = \frac{Fe}{2} \left(1 - \frac{\operatorname{ch} \alpha z}{\operatorname{ch} \dfrac{\alpha l}{2}} \right)$$

当 $z = 0$ 时，自由扭矩 M_{st} 具有最大值

$$M_{st,max} = \frac{Fe}{2} \left(1 - \frac{1}{\operatorname{ch} \dfrac{\alpha l}{2}} \right)$$

当 $z = \dfrac{l}{2}$ 时，自由扭矩 M_{st} 具有最小值

$$M_{st,min} = 0$$

由式（4.11），得翘曲扭矩为

$$M_\omega = -EI_\omega \varphi''' = \frac{Fe}{2} \frac{\operatorname{ch} \alpha z}{\operatorname{ch} \dfrac{\alpha l}{2}}$$

当 $z = \dfrac{l}{2}$ 时，翘曲扭矩 M_ω 具有最大值

$$M_{\omega,max} = \frac{Fe}{2}$$

当 $z = 0$ 时，翘曲扭矩 M_ω 具有最小值

$$M_{\omega,min} = \frac{Fe}{2} \frac{1}{\operatorname{ch} \dfrac{\alpha l}{2}}$$

根据上述计算所得到的 M_z、M_{st} 和 M_ω 扭矩图如图 4.5b、c、d 所示，显然 $M_z = M_{st} + M_\omega$，即图 4.5d 就是图 4.5c 的虚线部分，图 4.5b 是图 4.5c 与图 4.5d 的叠加。

4.4 梁的弯扭屈曲

在最大刚度平面内承受弯曲作用的理想弹性梁，如图 4.6 所示，在侧向没有足够的支撑，且侧向刚度很弱，当弯矩 M_x 达到某一限值 M_{cr} 时，梁会突然产生侧向弯曲变形 u 和扭转角 φ，这种

动画：梁的
弯扭失稳

现象称为梁的弯扭失稳或弯扭屈曲,属于第一类稳定问题。也就是说,梁出现了平衡分支现象,临界荷载就是平衡分支点。但实际梁在弯曲平面内和平面外都存在几何缺陷或荷载初始偏心,梁一受弯就会产生侧扭变形,实际梁的失稳属于第二类稳定问题,即极值点失稳。而极值点失稳问题极其复杂,本章仅研究理想平直梁的弯扭屈曲问题。

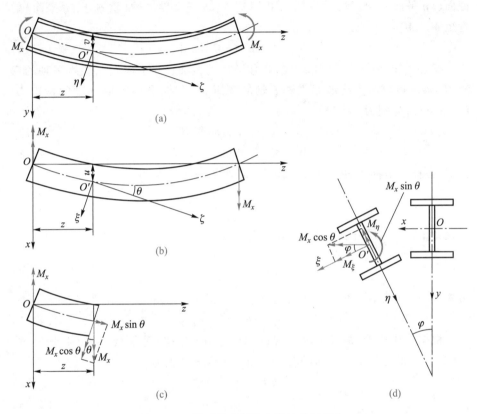

图 4.6 双轴对称截面简支梁的弯扭屈曲

分析图 4.6a 所示在均匀弯矩(纯弯矩)作用下的双轴对称截面简支梁。假设材料是各向同性的完全弹性体,发生弯扭变形时截面几何形状不变,变形是微小的,不考虑梁的初始缺陷和残余应力,由于梁在弯曲平面内的抗弯刚度比侧向弯曲刚度大得多,梁在屈曲前的弯曲变形对侧向弯扭的影响可以忽略不计。梁的简支是指梁的两端面可以绕形心主轴 x 轴或 y 轴自由转动,但不能绕 z 轴扭转。当达到临界状态时,在梁发生微小侧向弯曲和扭转变形位置建立梁的平衡微分方程。

在图 4.6 中,固定坐标系为 $Oxyz$,截面发生弯扭变形后的移动坐标系为 $O'\xi\eta\zeta$。对双轴对称截面,截面的形心 O 与剪力中心 S 重合,沿坐标轴 x、y 方向

的位移分别为 u、v,且位移沿坐标轴正向为正。截面的扭转角为 φ,右手螺旋方向为正。对微小变形而言,坐标平面 Oxz 和 Oyz 内的曲率分别为 $\mathrm{d}^2u/\mathrm{d}z^2$ 和 $\mathrm{d}^2v/\mathrm{d}z^2$,可以认为在移动坐标平面 $O'\xi\zeta$ 和 $O'\eta\zeta$ 内的曲率分别与其相等。角度关系近似取 $\sin\theta \approx \theta \approx \mathrm{d}u/\mathrm{d}z$,$\cos\theta \approx 1$ 和 $\sin\varphi \approx \varphi$,$\cos\varphi \approx 1$。由图 4.6 可以看出,因梁发生侧向弯曲(侧向位移为 u),绕水平轴 x 轴的弯矩为 M_x,在移动后的截面($\xi\eta$ 平面)上分解为绕水平轴的弯矩 $M_x\cos\theta$ 和绕 ζ 轴(垂直于 $\xi\eta$ 平面)的弯矩 $M_\zeta = M_x\sin\theta$(图 4.6c),显然

$$M_\zeta = M_x\sin\theta \approx M_x\mathrm{d}u/\mathrm{d}z \tag{4.16}$$

梁发生扭转(扭转角为 φ)时,在移动后的截面($\xi\eta$ 平面)上,绕水平轴的弯矩 $M_x\cos\theta$ 可分解为绕形心主轴 ξ 轴的弯矩 M_ξ 和绕形心主轴 η 轴的弯矩 M_η(图 4.6d),分别为

$$M_\xi = M_x\cos\theta\cos\varphi \approx M_x \tag{4.17}$$

$$M_\eta = M_x\cos\theta\sin\varphi \approx M_x\varphi \tag{4.18}$$

因此,在移动坐标系 $\eta\zeta$ 平面内(图 4.6a)弯矩平衡方程为

$$EI_\xi\frac{\mathrm{d}^2\xi}{\mathrm{d}z^2} = EI_x\frac{\mathrm{d}^2v}{\mathrm{d}z^2} = -M_\xi \tag{4.19}$$

在移动坐标系 $\xi\zeta$ 平面内(图 4.6b)弯矩平衡方程为

$$EI_\eta\frac{\mathrm{d}^2\zeta}{\mathrm{d}z^2} = EI_y\frac{\mathrm{d}^2u}{\mathrm{d}z^2} = -M_\eta \tag{4.20}$$

由式(4.12),工字形截面的弯曲扭转微分方程为

$$GI_t\varphi' - EI_\omega\varphi''' = M_\zeta \tag{4.21}$$

根据前述分析,并将相应的式(4.16)~式(4.18)分别代入式(4.19)~式(4.21)中,得到工字形截面的弯扭屈曲平衡微分方程为

$$EI_xv'' + M_x = 0 \tag{4.22}$$

$$EI_yu'' + M_x\varphi = 0 \tag{4.23}$$

$$EI_\omega\varphi''' - GI_t\varphi' - M_xu' = 0 \tag{4.24}$$

式(4.22)只有一个未知数 v,与其余两个式子无关,可独立求解。式(4.23)与式(4.24)都具有两个相同的未知数 u 和 φ,必须联立求解。

将式(4.24)对 z 微分一次,并利用式(4.23)消去 u'',得到下列只包含扭转角 φ 的侧向弯扭屈曲平衡方程式

$$EI_\omega\varphi^{(4)} - GI_t\varphi'' - \frac{M^2}{EI_y}\varphi = 0 \tag{4.25}$$

令

$$k_1 = \frac{GI_t}{2EI_\omega}, \quad k_2 = \frac{M^2}{EI_yEI_\omega}$$

式(4.25)可写为

$$\varphi^{(4)} - 2k_1\varphi'' - k_2\varphi = 0 \qquad (4.26)$$

上式的通解为

$$\varphi = A\sin n_1 z + B\cos n_1 z + C\text{sh } n_2 z + D\text{ch } n_2 z \qquad (4.27)$$

式中

$$n_1 = \sqrt{-k_1 + \sqrt{k_1^2 + k_2}} , \quad n_2 = \sqrt{k_1 + \sqrt{k_1^2 + k_2}}$$

积分常数 A、B、C 和 D 根据梁的边界条件确定。梁的边界条件为

当 $z = 0$ 和 $z = l$ 时：$\varphi = 0$(无扭转角)，$\text{d}^2\varphi/\text{d}z^2 = 0$(无翘曲) $\qquad (4.28)$

将式(4.27)代入边界条件式(4.28)，可以得到

$$B = C = D = 0$$
$$A\sin n_1 l = 0$$

若 $A = 0$，则 $\varphi = 0$，这不是所求解，所以必有 $\sin n_1 l = 0$。满足 $\sin n_1 l = 0$ 的 n_1 的最小值是 $n_1 = \dfrac{\pi}{l}$，因此微分方程式(4.25)的解为

$$\varphi = A\sin \frac{\pi z}{l} \qquad (4.29)$$

将上式的二阶导数和四阶导数代入式(4.25)，得

$$\left[EI_\omega \left(\frac{\pi}{l}\right)^4 + GI_t \left(\frac{\pi}{l}\right)^2 - \frac{M^2}{EI_y} \right] A\sin \frac{\pi z}{l} = 0 \qquad (4.30)$$

要使式(4.30)在任何 z 值都能成立，必须有

$$EI_\omega \left(\frac{\pi}{l}\right)^4 + GI_t \left(\frac{\pi}{l}\right)^2 - \frac{M^2}{EI_y} = 0 \qquad (4.31)$$

由此得到梁整体失稳的临界弯矩为

$$M_{cr} = EI_y GI_t \left(\frac{\pi}{l}\right)^2 \left[1 + \frac{EI_\omega}{GI_t} \left(\frac{\pi}{l}\right)^2 \right]$$

或写为

$$M_{cr} = \frac{\pi}{l}\sqrt{EI_y GI_t} \sqrt{1 + \frac{EI_\omega}{GI_t} \left(\frac{\pi}{l}\right)^2} \qquad (4.32)$$

或

$$M_{cr} = \frac{\pi}{l}\sqrt{EI_y \left[GI_t + EI_\omega \left(\frac{\pi}{l}\right)^2 \right]} \qquad (4.33)$$

式(4.32)或式(4.33)为双轴对称工字形截面简支梁两端受相等弯矩(纯弯曲)时的临界弯矩。如果梁不是纯弯曲而是受别的荷载作用，如受到集中荷载、均布荷载或两端不等弯矩作用时，梁中弯矩将为 z 的函数，平衡微分方程也不再

是常系数微分方程,求解将更复杂,通常采用数值方法求解,如有限单元法、有限积分法、有限差分法等。对于等直杆也可采用能量法求解,如跨中承受一个集中荷载的双轴对称工字形截面简支梁,可用能量法求得其临界弯矩为

$$M_{cr} = \frac{\pi^2}{l}\sqrt{\frac{3}{\pi^2+6}}\sqrt{EI_yGI_t}\sqrt{1+\frac{EI_\omega}{GI_t}\left(\frac{\pi}{l}\right)^2}$$

$$= 1.366\frac{\pi}{l}\sqrt{EI_yGI_t}\sqrt{1+\frac{EI_\omega}{GI_t}\left(\frac{\pi}{l}\right)^2}$$

$$= 1.366\frac{\pi}{l}\sqrt{EI_y\left[GI_t+EI_\omega\left(\frac{\pi}{l}\right)^2\right]} \tag{4.34}$$

对于双轴对称工字形截面简支梁,当荷载作用在截面形心(剪心)时的临界弯矩可用如下通式表示

$$M_{cr} = C_1\frac{\pi}{l}\sqrt{EI_yGI_t}\sqrt{1+\frac{EI_\omega}{GI_t}\left(\frac{\pi}{l}\right)^2} \tag{4.35}$$

或写为

$$M_{cr} = C_1\frac{\pi}{l}\sqrt{EI_y\left[GI_t+EI_\omega\left(\frac{\pi}{l}\right)^2\right]} \tag{4.36}$$

对于纯弯曲梁,$C_1 = 1.00$;对于跨中集中荷载作用下的梁,$C_1 = 1.37$;对于在四分点集中荷载作用下的梁,$C_1 = 1.04$;对于均布荷载作用下的梁,$C_1 = 1.15$。由此可见,梁的整体稳定性,与荷载沿梁轴的分布情况有关,对均匀弯矩作用下的梁是最不利的,从物理概念上也可以判断。

由式(4.35)可知,临界弯矩与梁的侧向抗弯刚度、抗扭刚度、翘曲刚度和梁的跨度(侧向支撑点间距)有关,要提高梁的整体稳定性,就必须提高这三种刚度和增加侧向支撑。根据式(4.36),临界弯矩与梁的侧向抗弯刚度 EI_y 和约束扭转抗扭刚度 $GI_t+EI_\omega\left(\frac{\pi}{l}\right)^2$ 的几何平均值成正比,要增加梁的抗弯扭屈曲能力,就必须增加梁的这两种刚度。梁的侧向抗弯刚度 EI_y 越大且自由扭转刚度 GI_t 越大,梁的临界弯矩 M_{cr} 越大,稳定性越好;梁的跨度 l(实际为梁受压翼缘的侧向自由长度)越大,梁的临界弯矩 M_{cr} 越小,稳定性越差。因此,提高梁整体稳定性的有效方法是采用侧向刚度较大(如宽翼缘截面)或抗扭刚度较大(如箱形截面)的截面,或者在梁受压翼缘侧向设置足够多的支撑,当在梁的上翼缘上密铺刚性铺板并与受压翼缘牢固连接时,梁将不易发生整体失稳。

上述临界弯矩通式是根据荷载作用于工字形截面的形心上而得出的,实际上,梁的整体稳定性还与荷载沿梁截面高度的作用位置有关。如果荷载作用于

上翼缘或下翼缘,其稳定性是不同的。这是因为,梁一旦发生弯扭失稳,荷载作
用于上翼缘会产生一个与扭转方向相同的附加扭矩,从而加剧扭转、助长屈曲,
降低梁的临界弯矩(图 4.7a);荷载作用于下翼缘,则会产生一个与扭转方向相
反的附加扭矩,减缓扭转,有助于提高梁的临界弯矩(图 4.7b)。在下一节的分
析中,还将看到梁的整体稳定性还与梁的支承情况有关。

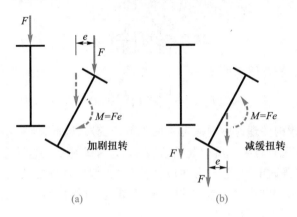

图 4.7　荷载作用位置对梁整体稳定性的影响

4.5　用能量法计算工字梁的弯扭屈曲临界荷载

4.5.1　均匀弯矩作用、两端简支的工字梁

如图 4.6 所示受均匀弯矩作用的两端简支工字梁,取坐标轴 x、y 分别为形
心主轴,z 轴与构件的纵向形心轴重合。梁在两端均匀弯矩作用下弯曲,将在弯
矩作用平面内产生竖向位移 v。当弯矩达到临界值 M_{cr} 时,梁将产生侧向弯曲并
伴随扭转,弯矩作用平面外的侧向位移为 u,转角为 φ。

现在来考察梁在中性平衡位置的应变能,显然可以不考虑竖向弯曲的影响。
梁的应变能由三部分组成,一部分是侧向弯曲应变能,另两部分分别由自由扭转
和翘曲引起。

根据材料力学原理,梁的侧向弯曲应变能为

$$E_{\varepsilon,b} = \frac{1}{2} \int_0^l EI_y \left(\frac{d^2 u}{dz^2} \right)^2 dz \qquad (4.37)$$

在梁上沿 z 向取微段 dz,自由扭转时的应变能等于扭矩和扭角变化的乘积
的一半,即

$$\mathrm{d}E_{\varepsilon,\mathrm{st}} = \frac{1}{2} M_{\mathrm{st}} \mathrm{d}\varphi$$

由式(4.3)有

$$M_{\mathrm{st}} = GI_{\mathrm{t}} \frac{\mathrm{d}\varphi}{\mathrm{d}z}$$

代入上式,得

$$\mathrm{d}E_{\varepsilon,\mathrm{st}} = \frac{1}{2} GI_{\mathrm{t}} \left(\frac{\mathrm{d}\varphi}{\mathrm{d}z}\right)^2 \mathrm{d}z$$

故整个梁自由扭转的应变能为

$$E_{\varepsilon,\mathrm{st}} = \frac{1}{2} \int_0^l GI_{\mathrm{t}} \left(\frac{\mathrm{d}\varphi}{\mathrm{d}z}\right)^2 \mathrm{d}z \tag{4.38}$$

　　在开口薄壁构件理论中常假定中面无剪切变形,因此,计算翘曲扭矩引起的应变能时,忽略翘曲剪应力所引起的应变能,只考虑翘曲正应力引起的应变能。除此之外,根据普通梁理论,与弯曲应变能比较,假定伴随非均匀弯矩而产生的剪剪应变能是可以忽略的。参考图 4.4 可知,翘曲扭矩使梁的上下翼缘在 Oxz 平面内发生了弯曲,其弯曲应变能就是翘曲引起的应变能,即

$$E_{\varepsilon,\omega} = 2 \times \frac{1}{2} \int_0^l EI_1 \left(\frac{\mathrm{d}^2 u_{\mathrm{f}}}{\mathrm{d}z^2}\right)^2 \mathrm{d}z \tag{4.39}$$

参见 4.3.1 节, $u_{\mathrm{f}} = \frac{h}{2}\varphi, I_1 = \frac{I_y}{2}, I_\omega = \frac{I_y h^2}{4}$,将其代入式(4.39),得

$$E_{\varepsilon,\omega} = \frac{1}{2} \int_0^l EI_\omega \left(\frac{\mathrm{d}^2 \varphi}{\mathrm{d}z^2}\right)^2 \mathrm{d}z \tag{4.40}$$

虽然上式是参见 4.3.1 节得出的,但它对任一开口薄壁构件都适用。

　　梁的应变能为弯曲应变能、自由扭转应变能和翘曲应变能之和,即

$$\begin{aligned} E_\varepsilon &= E_{\varepsilon,\mathrm{b}} + E_{\varepsilon,\mathrm{st}} + E_{\varepsilon,\omega} \\ &= \frac{1}{2} EI_y \int_0^l \left(\frac{\mathrm{d}^2 u}{\mathrm{d}z^2}\right)^2 \mathrm{d}z + \frac{1}{2} GI_{\mathrm{t}} \int_0^l \left(\frac{\mathrm{d}\varphi}{\mathrm{d}z}\right)^2 \mathrm{d}z + \frac{1}{2} EI_\omega \int_0^l \left(\frac{\mathrm{d}^2 \varphi}{\mathrm{d}z^2}\right)^2 \mathrm{d}z \end{aligned} \tag{4.41}$$

　　再来考察梁在屈曲中的外力势能。外力功等于外力矩与梁在屈曲时端部转角的乘积,而外力势能 E_V 是外力功的负值,即

$$E_V = -2M\theta \tag{4.42}$$

式中,M 为端弯矩;θ 为梁端部的转角。

　　梁发生弯扭屈曲时,由于纵向纤维弯曲,使两端彼此靠近。其中,侧向弯曲使梁的两端平移靠近,不产生转角;由于还伴随扭转发生,所以梁的两端上翼缘比下翼缘靠近得多,这就产生了梁两端部截面的转角 θ,如图 4.8 所示。设梁两端上翼缘中面纤维移动 Δ_t,下翼缘中面纤维移动 Δ_b,则端部转角为

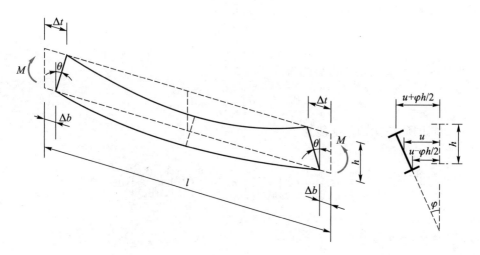

图 4.8　工字梁的侧向屈曲变形图

$$\theta = \frac{\Delta_t - \Delta_b}{h} \qquad (4.43)$$

式中，h 为上翼缘中面至下翼缘中面之间的距离。

根据式(2.5)，上、下翼缘中面纤维在梁的一端的移动量分别为

$$\Delta_t = \frac{1}{4} \int_0^l \left(\frac{\mathrm{d}u_{ft}}{\mathrm{d}z} \right)^2 \mathrm{d}z \qquad (4.44)$$

$$\Delta_b = \frac{1}{4} \int_0^l \left(\frac{\mathrm{d}u_{fb}}{\mathrm{d}z} \right)^2 \mathrm{d}z \qquad (4.45)$$

式中，u_{ft}、u_{fb} 分别为上下翼缘中面的侧向弯曲位移函数，则由图 4.8 得

$$u_{ft} = u + \varphi \times \frac{h}{2}$$

$$u_{fb} = u - \varphi \times \frac{h}{2}$$

分别代入式(4.44)、式(4.45)，得

$$\Delta_t = \frac{1}{4} \int_0^l \left[\frac{\mathrm{d}\left(u + \varphi \times \frac{h}{2} \right)}{\mathrm{d}z} \right]^2 \mathrm{d}z \qquad (4.46)$$

$$\Delta_b = \frac{1}{4} \int_0^l \left[\frac{\mathrm{d}\left(u - \varphi \times \frac{h}{2} \right)}{\mathrm{d}z} \right]^2 \mathrm{d}z \qquad (4.47)$$

将式(4.46)和式(4.47)代入式(4.43),得

$$\theta = \frac{1}{2}\int_0^l \frac{\mathrm{d}u}{\mathrm{d}z}\frac{\mathrm{d}\varphi}{\mathrm{d}z}\mathrm{d}z \tag{4.48}$$

由式(4.42),得梁的外力势能为

$$E_V = -M\int_0^l \frac{\mathrm{d}u}{\mathrm{d}z}\frac{\mathrm{d}\varphi}{\mathrm{d}z}\mathrm{d}z \tag{4.49}$$

综上所述,梁的总势能为

$$E_\mathrm{p} = E_\varepsilon + E_V$$
$$= \frac{1}{2}EI_y\int_0^l\left(\frac{\mathrm{d}^2u}{\mathrm{d}z^2}\right)^2\mathrm{d}z + \frac{1}{2}GI_\mathrm{t}\int_0^l\left(\frac{\mathrm{d}\varphi}{\mathrm{d}z}\right)^2\mathrm{d}z + \frac{1}{2}EI_\omega\int_0^l\left(\frac{\mathrm{d}^2\varphi}{\mathrm{d}z^2}\right)^2\mathrm{d}z - M\int_0^l\frac{\mathrm{d}u}{\mathrm{d}z}\frac{\mathrm{d}\varphi}{\mathrm{d}z}\mathrm{d}z \tag{4.50}$$

现在,假定位移函数 u 与 φ 近似取为

$$u = A\sin\frac{\pi z}{l} \tag{4.51}$$

$$\varphi = B\sin\frac{\pi z}{l} \tag{4.52}$$

这些函数满足梁的边界条件。

当 $z = 0$、l 时:

$$u = v = 0, \quad \varphi = \varphi'' = 0 \tag{4.53}$$

将位移函数 u 与 φ 的表达式代入式(4.50),并利用 $\int_0^l\sin^2\frac{\pi z}{l}\mathrm{d}z = \int_0^l\cos^2\frac{\pi z}{l}\mathrm{d}z = \frac{l}{2}$,得

$$E_\mathrm{p} = \frac{l}{4}EI_y\left(\frac{\pi}{l}\right)^4A^2 + \frac{l}{4}\left(\frac{\pi}{l}\right)^2\left[GI_\mathrm{t}+EI_\omega\left(\frac{\pi}{l}\right)^2\right]B^2 - \frac{l}{2}\left(\frac{\pi}{l}\right)^2MAB \tag{4.54}$$

根据瑞利-里茨法,令 $\dfrac{\partial E_\mathrm{p}}{\partial A} = 0$,$\dfrac{\partial E_\mathrm{p}}{\partial B} = 0$,得

$$\left.\begin{aligned}\left(\frac{\pi}{l}\right)^2EI_yA - MB &= 0 \\ -MA+\left[GI_\mathrm{t}+EI_\omega\left(\frac{\pi}{l}\right)^2\right]B &= 0\end{aligned}\right\} \tag{4.55}$$

系数 A、B 不同时为零的条件是其系数行列式为零,即

$$\begin{vmatrix} EI_y\left(\dfrac{\pi}{l}\right)^2 & -M \\[2mm] -M & GI_\mathrm{t}+EI_\omega\left(\dfrac{\pi}{l}\right)^2 \end{vmatrix} = 0 \tag{4.56}$$

展开行列式,得稳定方程

$$GI_t + EI_\omega \left(\frac{\pi}{l} \right)^2 - \frac{M^2}{EI_y} \left(\frac{l}{\pi} \right)^2 = 0 \qquad (4.57)$$

由此可解得临界屈曲弯矩为

$$M_{cr} = \frac{\pi}{l} \sqrt{EI_y \left[GI_t + EI_\omega \left(\frac{\pi}{l} \right)^2 \right]} \qquad (4.58)$$

与式(4.33)完全相同。

4.5.2 均匀弯矩作用、两端固定的工字梁

这里两端固定的条件是指端部截面在 x、y 方向的位移为零,绕 y 轴和 z 轴的转角为零,为了在端部施加弯矩,绕 x 轴能自由转动,边界条件可表示为

当 $z = 0$、l 时: $u = v = \varphi = 0$, $u' = \varphi' = 0$, $v'' = 0$ $\qquad (4.59)$

假设位移函数 u 与 φ 近似取为

$$u = A \left(1 - \cos \frac{2\pi z}{l} \right) \qquad (4.60)$$

$$\varphi = B \left(1 - \cos \frac{2\pi z}{l} \right) \qquad (4.61)$$

这些函数满足边界条件式(4.59)。

将位移函数表达式(4.60)和式(4.61)代入式(4.50),并利用积分

$$\int_0^l \sin^2 \left(\frac{2\pi z}{l} \right) dz = \int_0^l \cos^2 \left(\frac{2\pi z}{l} \right) dz = \frac{l}{2}$$

得梁的总势能为

$$E_p = \frac{\pi^2}{l^2} \left\{ 4EI_y \left(\frac{\pi}{l} \right)^2 A^2 + \left[GI_t + 4EI_\omega \left(\frac{\pi}{l} \right)^2 \right] B^2 - 2MAB \right\} \qquad (4.62)$$

根据瑞利-里茨法,令 $\dfrac{\partial E_p}{\partial A} = 0$,$\dfrac{\partial E_p}{\partial B} = 0$,得

$$\left. \begin{array}{c} 8EI_y \left(\dfrac{\pi}{l} \right)^2 A - 2MB = 0 \\[3mm] 2 \left[GI_t + 4EI_\omega \left(\dfrac{\pi}{l} \right)^2 \right] B - 2MA = 0 \end{array} \right\} \qquad (4.63)$$

系数 A、B 不同时为零的条件是其系数行列式为零,即

$$\begin{vmatrix} 8EI_y \left(\dfrac{\pi}{l} \right)^2 & -2M \\[3mm] -2M & 2 \left[GI_t + 4EI_\omega \left(\dfrac{\pi}{l} \right)^2 \right] \end{vmatrix} = 0 \qquad (4.64)$$

展开行列式得稳定方程

$$4EI_y\left(\frac{\pi}{l}\right)^2\left[GI_t+4EI_\omega\left(\frac{\pi}{l}\right)^2\right]-M^2=0 \tag{4.65}$$

由此可得临界弯矩为

$$M_{cr}=\frac{\pi}{(\mu l)}\sqrt{EI_y\left[GI_t+EI_\omega\left(\frac{\pi}{\mu l}\right)^2\right]}$$

$$=\frac{\pi}{0.5l}\sqrt{EI_y\left[GI_t+EI_\omega\left(\frac{\pi}{0.5l}\right)^2\right]} \tag{4.66}$$

　　与轴心受压构件类似,式中 μ 是计算长度系数,反映了梁两端支承条件的影响,在这种情况下 $\mu=0.5$。比较式(4.66)和式(4.58),可以看出,两端固定梁的临界弯矩是两端简支梁的临界弯矩的 2~4 倍。如果 EI_ω 相比 GI_t 可以不计,则两端固定梁的临界弯矩是两端简支梁的临界弯矩的 2 倍;如果自由扭转刚度 GI_t 相比翘曲刚度 EI_ω 可以忽略,则两端固定梁的临界弯矩是两端简支梁的临界弯矩的 4 倍。

习　　题

　　4.1　试用瑞利-里茨法或迦辽金法推导跨中集中荷载作用时两端简支双轴对称工字形截面梁的弹性弯扭屈曲临界弯矩 M_{cr} 的计算公式。

第 4 章
习题答案

第5章
受压杆件的扭转屈曲与弯扭屈曲

第 5 章
教学课件

5.1 引言

开口薄壁受压杆件截面的抗扭刚度较小,容易发生扭转变形。对于十字形截面受压杆件,容易发生扭转屈曲。对于单轴对称受压杆件,如角形、槽形、T 形截面杆件,由于截面形心与截面剪切中心不重合,容易发生弯扭屈曲。下面讨论压杆的扭转屈曲和弯扭屈曲问题。

5.2 轴心压杆的扭转屈曲和弯扭屈曲

开口薄壁杆件的壁厚一般较小,抗扭性能较差,在压力作用下有可能出现扭转屈曲或弯扭屈曲,从而丧失承载能力(图 5.1)。在轴心压力作用下,只有截面形心和弯心(即剪切中心)重合的杆件才可能出现扭转屈曲;而对于截面形心和弯心不重合的杆件,发生扭转时总是伴随着弯曲,也就是弯扭屈曲。

5.2.1 扭转屈曲

现以图 5.1a 所示的双轴对称工字形截面轴心受压杆件为例来说明扭转屈曲。两端铰支的杆发生扭转屈曲时,除支承处外,各个截面都绕形心轴 z 转动(图 5.1b)。现在分析屈曲时扭转平衡的情况。杆件任意截面的扭转角以 φ 表示(图 5.1c),其正向遵守右手螺旋法则,则截面上一点 D 在截面平面内的位移为 $DD' = \rho\varphi$,ρ 是 D 点至截面形心的距离。相距 $\mathrm{d}z$ 的两个邻近截面的相对扭转角为 $\mathrm{d}\varphi$,两截面上相对应点 E、D 的相对位移是 $FE' = EE' - DD' = \rho\mathrm{d}\varphi$。$DE$ 纤维因两截面相对转动而产生倾斜,倾斜后的纤维 $D'E'$ 相对杆件轴线方向的夹角为 α(图 5.1d)。因变形很小,故

$$\alpha = \rho\mathrm{d}\varphi/\mathrm{d}z = \rho\varphi' \tag{5.1}$$

根据平衡关系,作用在以该倾斜纤维为轴线的微元体上的轴力 $\sigma\mathrm{d}A$ 在杆的横截

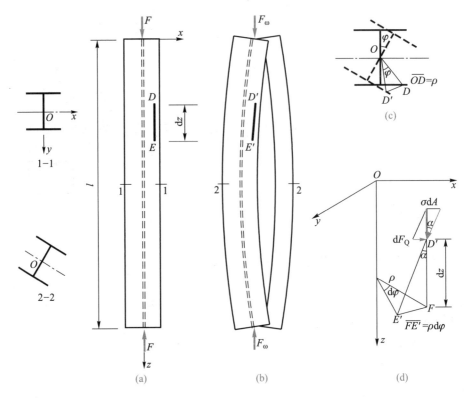

图 5.1   双轴对称轴心压杆的扭转屈曲

面平面内有分力 $\mathrm{d}F_{\mathrm{Q}}$,且

$$\mathrm{d}F_{\mathrm{Q}} = \alpha\sigma\mathrm{d}A = \sigma\rho\varphi'\mathrm{d}A \tag{5.2}$$

它对弯心(形心)有扭矩

$$\mathrm{d}M_z = \sigma\rho^2\varphi'\mathrm{d}A \tag{5.3}$$

在整个截面上进行积分,得作用于截面上的扭矩

$$M_z = \sigma\varphi'\int_A \rho^2\mathrm{d}A = \sigma\varphi'Ar_0^2 = Fr_0^2\varphi' \tag{5.4}$$

式中,$r_0^2 = \int_A \rho^2\mathrm{d}A/A = (I_x + I_y)/A$,$r_0$ 为截面对弯心的极回转半径。将 M_z 代入开口薄壁杆件约束扭转的平衡微分方程式(4.12),得

$$EI_\omega\varphi''' - (GI_t - Fr_0^2)\varphi' = 0 \tag{5.5}$$

求解此微分方程就可得到扭转屈曲的临界力。对于两端铰接的杆,边界条件为

当 $z = 0$ 和 $z = l$ 时:

$$\varphi = \varphi'' = 0 \tag{5.6}$$

式中,$\varphi = 0$ 表示扭角为 0,$\varphi'' = 0$ 表示截面没有翘曲正应力(与弯曲屈曲类似)。

设式(5.5)的解为

$$\varphi = C\sin\frac{\pi z}{l} \tag{5.7}$$

显然,上式满足边界条件式(5.6)。式中,C 为参数。将其代入微分方程式(5.5),可解得扭转屈曲临界力 $F_{\mathrm{cr},\omega}$ 的计算公式

$$F_{\mathrm{cr},\omega} = \frac{1}{r_0^2}\left(\frac{\pi^2 EI_\omega}{l^2}+GI_{\mathrm{t}}\right) \tag{5.8}$$

对于工字形截面,翘曲扭转常数 $I_\omega = I_y h^2/4$,I_y 是截面对平行于腹板的主轴的惯性矩,h 是截面高度。对于非铰接支承情况的杆件,式(5.8)右侧括号内第一项应乘以适当系数来反映约束作用。I_ω 的计算公式随截面形式而不同(参见表4.1),对十字形截面由于 $I_\omega = 0$,扭转屈曲临界力比较低,式(5.8)成为

$$F_{\mathrm{cr},\omega} = \frac{GI_{\mathrm{t}}}{r_0^2} \tag{5.9}$$

此时,扭转屈曲临界力 $F_{\mathrm{cr},\omega}$ 与杆的长细比和支承条件均无关,属于自由扭转。杆的弯曲屈曲临界力是随长细比减小而增加的,因此当长细比不大而板件宽厚比很大时,扭转屈曲临界力 $F_{\mathrm{cr},\omega}$ 将低于弯曲屈曲的临界力。但是,工程中很少采用十字形截面,工字形截面杆按照通常的尺寸比例(截面高度大于翼缘宽度),一般不会发生扭转屈曲。因此,在设计规范中没有反映扭转屈曲的计算。

5.2.2 弯扭屈曲

对于截面单轴对称的单角钢、单槽钢或 T 形钢轴心压杆,形心和弯心不相重合。如果杆件在轴心力 F 作用下不能保持直线平衡而绕对称轴 y 弯曲,由于剪力不通过弯心,不可避免地要出现扭转。图 5.2 所示槽形钢轴心压杆,弯心 S 至形心 O 的距离为 e_0,如果压杆受轴心压力 F 作用在 xz 平面内发生弯曲,而弯心在 x 轴方向的位移为 u,则杆内出现弯矩 $M_y = Fu$ 及剪力 $F_Q = \mathrm{d}M_y/\mathrm{d}z = F\mathrm{d}u/\mathrm{d}z = Fu'$。由于 F 沿形心轴作用,F_Q 的作用线也通过形心 O 而不通过弯心 S,从而对弯心产生扭矩

$$M_z = Fu'e_0$$

使杆件在弯曲的同时出现扭转,因此在分析杆件扭转平衡时应该考虑 M_z 这一项。根据式(5.5),再加上 M_z 这一项,得杆件的扭转平衡微分方程为

$$EI_\omega \varphi''' - (GI_{\mathrm{t}}-Fr_0^2)\varphi' + Fu'e_0 = 0$$

再微分一次,写为

$$EI_\omega \varphi^{(4)} - (GI_{\mathrm{t}}-Fr_0^2)\varphi'' + Fe_0 u'' = 0 \tag{5.10}$$

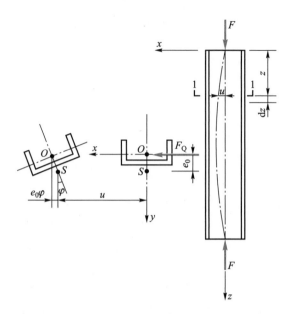

图 5.2 单轴对称轴心压杆的弯扭屈曲

由于形心和弯心不重合,式中截面对弯心的极回转半径 r_0 按下式计算:

$$r_0^2 = e_0^2 + (I_x + I_y)/A \tag{5.11}$$

由于弯扭同时出现,这个微分方程包括两个未知量 φ 和 u。因此,需要建立关于 y 轴弯曲的平衡微分方程来联立求解。弯曲平衡微分方程的基本形式为

$$EI_y u'' + Fu_0 = 0$$

式中,u_0 是截面形心 O 的位移,当截面扭转角为 φ 时,O 在 x 方向的位移为

$$u_0 = u + e_0\varphi$$

因此,弯曲平衡的微分方程可以写为

$$EI_y u^{(4)} + Fu'' + Fe_0\varphi'' = 0 \tag{5.12}$$

联立式(5.10)和式(5.12),单轴对称轴心压杆的弯扭屈曲平衡微分方程组为

$$\left.\begin{array}{l} EI_y u^{(4)} + Fu'' + Fe_0\varphi'' = 0 \\ EI_\omega \varphi^{(4)} - (GI_t - Fr_0^2)\varphi'' + Fe_0 u'' = 0 \end{array}\right\} \tag{5.13}$$

对两端铰接的杆件,杆端边界条件为

$$\left.\begin{array}{l} \text{当 } z=0 \text{ 时}:u=u''=0, \ \varphi=\varphi''=0 \\ \text{当 } z=l \text{ 时}:u=u''=0, \ \varphi=\varphi''=0 \end{array}\right\} \tag{5.14}$$

可设 u 和 φ 的变化都是正弦曲线的一个半波,即

$$\left. \begin{aligned} u &= A\sin\frac{\pi z}{l} \\ \varphi &= C\sin\frac{\pi z}{l} \end{aligned} \right\} \tag{5.15}$$

上式满足边界条件式(5.14),代入式(5.13),并令

$$F_y = \frac{\pi^2 EI_y}{l^2} \tag{5.16}$$

$$F_\omega = \frac{\pi^2 EI_\omega/l^2 + GI_t}{r_0^2} \tag{5.17}$$

式中

$$r_0^2 = e_0^2 + (I_x + I_y)/A \tag{5.18}$$

得

$$\left. \begin{aligned} (F_y - F)A - Fe_0 C &= 0 \\ -Fe_0 A + (F_\omega - F) r_0^2 C &= 0 \end{aligned} \right\} \tag{5.19}$$

式中,系数 A、C 不同时为零的条件是其系数行列式为零,于是得到稳定方程为

$$\begin{vmatrix} F_y - F & -Fe_0 \\ -Fe_0 & (F_\omega - F)r_0^2 \end{vmatrix} = 0 \tag{5.20}$$

展开此行列式,得出确定弯扭屈曲临界力 F_{cr} 的方程

$$(F_y - F)(F_\omega - F) - (e_0/r_0)^2 F^2 = 0 \tag{5.21}$$

解此方程式,其最小根就是临界荷载

$$F_{cr} = \frac{1}{2k}\left[(F_\omega + F_y) - \sqrt{(F_\omega + F_y)^2 - 4kF_\omega F_y} \right] \tag{5.22}$$

式中

$$k = 1 - \left(\frac{e_0}{r_0}\right)^2 \tag{5.23}$$

分析式(5.21)可知,当 $e_0 = 0$ 时,即截面双轴对称,F_{cr} 等于 F_y 或 F_ω(此时 F_y 是对 y 轴的临界力,F_ω 是扭转临界力),说明杆件只可能发生绕对称轴的弯曲屈曲或扭转屈曲。当 $e_0 \neq 0$ 时,F_{cr} 比 F_y 或 F_ω 都小,e_0/r_0 越大,相差越悬殊,说明杆件只可能发生弯扭屈曲。

【例 5.1】 如图 5.3 所示 T 形截面杆件,两端铰接,杆长为 2.50 m,弹性模量 $E = 206\,000$ N/mm²,剪切模量 $G = 79\,000$ N/mm²。试计算其弯扭屈曲临界力,并和弯曲屈曲临界力 F_y 比较。

【解】 计算截面特性

$$A = 2 \times 12 \times 0.8 \text{ cm}^2 = 19.2 \text{ cm}^2$$

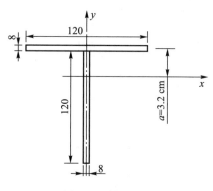

图 5.3   例 5.1 图

$a = 9.6 \times 6.4 / 19.2 \ \text{cm} = 3.2 \ \text{cm}$

$I_y = 0.8 \times 12^3 / 12 \ \text{cm}^4 = 115 \ \text{cm}^4$

$I_x = (9.6 \times 3.2^2 + 9.6 \times 3.2^2 + 0.8 \times 12^3 / 12) \ \text{cm}^4 = 311.8 \ \text{cm}^4$

$I_t = 24 \times 0.8^3 / 3 \ \text{cm}^4 = 4.1 \ \text{cm}^4$

$r_0^2 = a^2 + (I_x + I_y)/A = [3.2^2 + (311.8 + 115)/19.2] \ \text{cm}^2 = 32.5 \ \text{cm}^2$

利用以上数值算得

$$F_y = \pi^2 E I_y / l^2 = (\pi^2 \times 206\,000 \times 1\,150\,000 / 2\,500^2) \ \text{N} = 373\,718 \ \text{N} = 374 \ \text{kN}$$

$$F_\omega = G I_t / r_0^2 = (79\,000 \times 41\,000 / 3\,250) \ \text{N} = 997 \ \text{kN}$$

代入公式(4.25)得

$$(374 \ \text{kN} - F_{cr})(997 \ \text{kN} - F_{cr}) - [(3.2 \ \text{cm})^2 / (32.4 \ \text{cm}^2)] F_{cr}^2 = 0$$

解得

$$F_{cr} = 325 \ \text{kN}$$

$$F_{cr} / F_y = 325 / 374 = 0.87$$

由此可见,对于任何单轴对称轴心受压杆件,在计算对称轴的稳定性时应该考虑弯扭屈曲而不是弯曲屈曲。对一般热轧和焊接钢杆件说来,F_{cr} 和 F_y 相差并不悬殊,但对于薄壁杆件可能 F_{cr} 比 F_y 低许多,必须考虑其弯扭屈曲。

5.2.3   计算弯扭屈曲的换算长细比法

为简化计算,设计中常常用换算长细比方法计算弯扭屈曲问题。我国冷弯薄壁型钢结构技术规范设 x 轴为对称轴(图 5.4),因此,根据式(5.16)和式(5.17),$F_x = \pi^2 E I_x / l^2$ 和 $F_\omega = (\pi^2 E I_\omega / l^2 + G I_t) / r_0^2$,代入式(5.21)得

$$F_{cr}^2 (r_0^2 - e_0^2) - \frac{\pi^2 E I_x}{l^2} \left(\frac{I_\omega}{I_x} + \frac{G I_t l^2}{\pi^2 E I_x} + r_0^2 \right) F_{cr} +$$

$$\left(\frac{\pi^2 E I_x}{l^2}\right)^2 \left(\frac{I_\omega}{I_x} + \frac{G I_t l^2}{\pi^2 E I_x}\right) = 0$$

令

$$s^2 = \frac{I_\omega}{I_x} + \frac{G I_t l^2}{\pi^2 E I_x} = \frac{l^2}{I_x}\left(\frac{I_\omega}{l^2} + \frac{G I_t}{\pi^2 E}\right) \tag{5.24}$$

由于 $\dfrac{G}{\pi^2 E} = \dfrac{1}{2(1+\nu)\pi^2} \approx 0.039$，则上式可写为

$$s^2 = \frac{\lambda_x^2}{A}\left(\frac{I_\omega}{l^2} + 0.039 I_t\right) \tag{5.25}$$

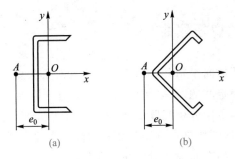

图 5.4 单轴对称开口截面

式(5.21)又可改写为

$$(r_0^2 - e_0^2) F_{cr}^2 - (s^2 + r_0^2) F_x F_{cr} + s^2 F_x^2 = 0$$

$$\frac{1}{F_{cr}^2} - \frac{s^2 + r_0^2}{s^2 F_x} \frac{1}{F_{cr}} + \frac{r_0^2 - e_0^2}{s^2 F_x^2} = 0$$

解得

$$\frac{1}{F_{cr}} = \frac{1}{F_x}\left(\frac{s^2 + r_0^2}{2s^2} \pm \sqrt{\left(\frac{s^2 + r_0^2}{2s^2}\right)^2 - \frac{r_0^2 - e_0^2}{s^2}}\right)$$

其较小根为弯扭屈曲临界力，即

$$F_{cr} = \frac{F_x}{\dfrac{s^2 + r_0^2}{2s^2} \pm \sqrt{\left(\dfrac{s^2 + r_0^2}{2s^2}\right)^2 - \dfrac{r_0^2 - e_0^2}{s^2}}}$$

弯扭屈曲临界应力为

$$\sigma_{\mathrm{cr}} = \frac{\pi^2 E}{\lambda_x^2} \frac{1}{\dfrac{s^2 + r_0^2}{2s^2} \pm \sqrt{\left(\dfrac{s^2 + r_0^2}{2s^2}\right)^2 - \dfrac{r_0^2 - e_0^2}{s^2}}} = \frac{\pi^2 E}{\lambda_h^2} \tag{5.26}$$

式中

$$\lambda_h = \lambda_x \sqrt{\frac{s^2 + r_0^2}{2s^2} \pm \sqrt{\left(\frac{s^2 + r_0^2}{2s^2}\right)^2 - \frac{r_0^2 - e_0^2}{s^2}}} \tag{5.27}$$

由式(5.26)可以看出,为了验算杆件对 x 轴的弯扭屈曲,只要验算长细比为 λ_h 的杆件的弯曲屈曲,从而将弯扭屈曲的计算问题转化为弯曲屈曲的计算问题,使计算大大简化。因此,λ_h 称为换算长细比,按式(5.27)计算。

5.3   偏心压杆的弯扭屈曲

偏心压杆的弯扭屈曲是指其在弯矩作用平面外的失稳。在分析偏心压杆在弯矩作用平面外的稳定问题时,采用的基本假定与分析梁的弯扭屈曲的基本假定相同;除此之外,为了使分析问题简化和突出弯扭屈曲,假定杆件在弯矩作用平面内的刚度很大,从而忽略在弯矩作用平面内的弯曲变形,也就是忽略弯扭屈曲前弯矩作用平面内的弯曲变形对弯扭屈曲的影响。

分析图 5.5a 所示在偏心荷载作用下的双轴对称截面简支杆件。杆件的简支是指其的两端面可以绕形心主轴 x 轴或 y 轴自由转动,但不能绕 z 轴扭转。建立固定坐标系 $Oxyz$,截面发生弯扭变形后的移动坐标系为 $O'\xi\eta\zeta$。当达到临界状态时,在偏心受压杆件发生微小侧向弯曲和扭转变形的位置建立平衡微分方程,为简化起见,可以只列出侧向弯曲平衡微分方程和扭转平衡微分方程。

经过类似第 4.4 节的分析,显然

$$M_\eta = M_x \cos\theta\sin\varphi + Fu\cos\varphi \approx M_x\varphi + Fu \tag{5.28}$$

$$M_\zeta = M_x \sin\theta + Fr_0^2\varphi' \approx M_x \mathrm{d}u/\mathrm{d}z + Fr_0^2\varphi' \tag{5.29}$$

因此,在移动坐标系 $\xi\zeta$ 平面内(图 5.5b)弯矩平衡方程为

$$EI_\eta \frac{\mathrm{d}^2\zeta}{\mathrm{d}z^2} = EI_y \frac{\mathrm{d}^2 u}{\mathrm{d}z^2} = -M_\eta \tag{5.30}$$

由式(4.12),工字形截面的弯曲扭转微分方程为

$$GI_t\varphi' - EI_\omega\varphi''' = M_\zeta \tag{5.31}$$

根据前述分析,并将相应的式(5.28)、式(5.29)分别代入式(5.30)和

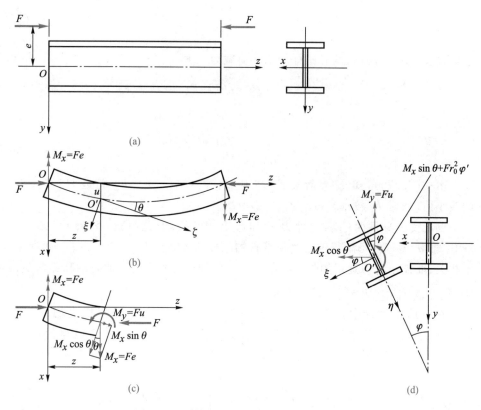

图 5.5 双轴对称截面偏心压杆的弯扭屈曲

式(5.31)中,得到偏心受压杆件的弯扭屈曲平衡微分方程为

$$EI_y u'' + Fu + M_x \varphi = 0 \tag{5.32}$$

$$EI_\omega \varphi''' - (GI_t - Fr_0^2) \varphi' + M_x u' = 0 \tag{5.33}$$

式(5.32)与式(5.33)具有两个未知数 u 和 φ,联立求解。将式(5.32)对 z 微分二次,式(5.33)对 z 微分一次,得到

$$\left.\begin{array}{l} EI_y u^{(4)} + Fu'' + Fe\varphi'' = 0 \\[2mm] EI_\omega \varphi^{(4)} - (GI_t - Fr_0^2) \varphi'' + Feu'' = 0 \end{array}\right\} \tag{5.34}$$

可以看出,式(5.34)与式(5.13)类似,只是把式(5.13)中的 e_0 换成了 e。因此,参照式(5.13)类似的求解过程,可以得到

$$(F_y - F)(F_\omega - F) - (e/r_0)^2 F^2 = 0 \tag{5.35}$$

式中

$$F_y = \frac{\pi^2 EI_y}{l^2}, \quad F_\omega = \frac{1}{r_0^2}\left(\frac{\pi^2 EI_\omega}{l^2} + GI_t\right) \tag{5.36}$$

求解式(5.35),可得到偏心压杆的临界荷载为

$$F_{cr} = \frac{1}{2(1-k_1^2)}\left[(F_y + F_\omega) - \sqrt{(F_y - F_\omega)^2 + 4k_1^2 F_y F_\omega}\right] \tag{5.37}$$

式中

$$k_1 = \frac{e}{r_0}, \quad r_0^2 = \frac{I_x + I_y}{A} \tag{5.38}$$

由式(5.37)可知,临界荷载 F_{cr} 与 F_y、F_ω 和 e/r_0 有关。F_{cr} 总是小于 F_y、F_ω 的较小值(通常 F_y 较小),e/r_0 越大,小得越多。

偏心受压杆件两端承受轴力 F 和弯矩 $M = Fe$,因此由式(5.35)可知,当 $e = 0$(即 $M = 0$)时,可解得轴心受压杆件的临界荷载 $F_{cr} = F_y$ 或者 $F_{cr} = F_\omega$,两者互不相关,取较小者为真正的临界荷载。当 $F = 0$ 时,可得到纯弯曲时的临界弯矩,即 $M_{cr} = r_0\sqrt{F_y F_\omega}$,与式(4.33)相同。

在钢结构设计中常常采用相关公式来控制偏心压杆的弯扭失稳,下面介绍相关公式的基本原理。根据 F_y 和 F_ω 的表达式,把式(4.33)写为如下形式:

$$M_{cr} = \frac{\pi}{l}\sqrt{EI_y\left[GI_t + EI_\omega\left(\frac{\pi}{l}\right)^2\right]} = r_0\sqrt{F_y F_\omega}$$

利用这个关系式,并将 Fe 用弯矩 M 代替,则式(5.35)成为

$$\left(1 - \frac{F}{F_y}\right)\left(1 - \frac{F}{F_\omega}\right) = \left(\frac{M}{M_{cr}}\right)^2 \tag{5.39}$$

将此式画成 M/M_{cr} 与 F/F_y 的相关曲线,如图 5.6 所示。F/F_y 不仅与 M/M_{cr} 有关,而且受 F_ω/F_y 的影响很大,F_ω/F_y 越大,偏心压杆的弯扭屈曲承载力越高。当 $F_\omega = F_y$ 时,F/F_y 与 M/M_{cr} 之间的关系是直线关系,即

$$\frac{F}{F_y} + \frac{M}{M_{cr}} = 1 \tag{5.40}$$

一般普通热轧工字形截面 $F_\omega > F_y$,相关曲线都在此直线之上;但对于一般冷弯薄壁杆件,其 $F_\omega < F_y$,相关曲线在直线之下,如图 5.6 所示。如果采用式(5.40)计算普通热轧钢杆件弯矩作用平面外的稳定性,既简单又偏于安全。

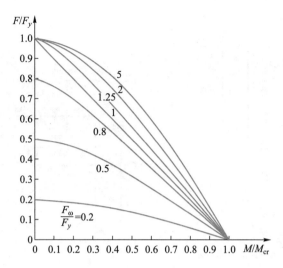

图 5.6　偏心压杆弯扭屈曲的 M/M_{cr} 与 F/F_y 的相关曲线

5.4　用能量法计算开口薄壁轴心压杆的屈曲荷载

图 5.7 是等截面开口薄壁轴心压杆,设 O 为截面形心,x、y 轴为截面的主惯性轴,z 为形心轴,S 为截面的弯曲中心 (x_0,y_0)。当压力 F 逐渐增加达到临界荷载 F_{cr} 时,杆件发生扭转屈曲或弯扭屈曲,此时杆件不再保持直线平衡。当杆件处于中性平衡状态时,其独立位移分量包括三个:截面弯曲中心 S 在 x、y 轴方向的位移为 u 和 v,设与坐标轴的正向一致时为正;绕弯曲中心 S 的扭角为 θ,其正向遵守右手螺旋法则。假定杆件屈曲时处于弹性状态,变形是微小的,且截面的周边形状保持不变。采用瑞利-里茨法来计算杆件屈曲时的临界荷载。

取刚屈曲前的状态为参考状态,不必考虑轴向变形的影响。参见式(4.41),考虑到增加了沿 y 轴方向的位移 v,弯扭变形下的总应变能 E_ε 为

$$E_\varepsilon = \frac{1}{2}\int_0^l \left[EI_x v''^2 + EI_y u''^2 + GI_t \theta'^2 + EI_\omega \theta''^2 \right] \mathrm{d}z \qquad (5.41)$$

式中,被积函数的前两项为弯曲变形产生的应变能,后两项为约束扭转产生的应变能。

现在来求外力势能。今考虑坐标为 (x,y) 的小条(图 5.7 的 B 点),其面积为 $\mathrm{d}A$,长度为 l,把此小条看作承受轴心压力 $\sigma \mathrm{d}A$ 的压杆。B 点绕弯曲中心 S 点转动 θ 角至 B' 点时,相对于弯曲中心 S 点的位移分量变化为(图 5.8)

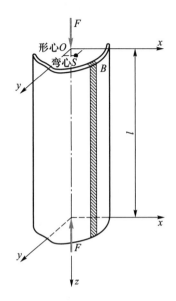

图 5.7　开口薄壁轴心压杆

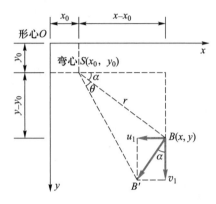

图 5.8　截面 B 点的位移变化

$$u_1 = r\tan\theta\sin\alpha = (y-y_0)\theta$$
$$v_1 = r\tan\theta\cos\alpha = (x-x_0)\theta$$

弯扭变形后小条的位移为

$$u_B = u - u_1 = u - (y-y_0)\theta \tag{5.42}$$
$$v_B = v + v_1 = v + (x-x_0)\theta \tag{5.43}$$

通过图 5.9,可考察 B 点纵向纤维的长度变化。取微段 $\mathrm{d}z$,变形后微段 $\mathrm{d}z$ 的上端在 x、y 轴上的位移为 u、v,下端相应的位移为 $u+\mathrm{d}u$、$v+\mathrm{d}v$,变形后的微段长度为

$$\mathrm{d}s = \sqrt{(\mathrm{d}u)^2 + (\mathrm{d}v)^2 + (\mathrm{d}z)^2} = \left[\left(\frac{\mathrm{d}u}{\mathrm{d}z}\right)^2 + \left(\frac{\mathrm{d}v}{\mathrm{d}z}\right)^2 + 1\right]^{\frac{1}{2}}\mathrm{d}z \tag{5.44}$$

根据级数展开(参见 2.1 节),当 n 趋近于零时,$(1+n)^{\frac{1}{2}} = 1 + \frac{1}{2}n$,故将上式右边括号项按级数展开,并考虑杆件处于微小变形状态,即 u'、v' 是微小量,式 (5.44) 可简化为

$$\mathrm{d}s = \left[\frac{1}{2}\left(\frac{\mathrm{d}u}{\mathrm{d}z}\right)^2 + \frac{1}{2}\left(\frac{\mathrm{d}v}{\mathrm{d}z}\right)^2 + 1\right]\mathrm{d}z \tag{5.45}$$

B 点纵向纤维变形后的总长度为

$$s = \int_0^l \left[\frac{1}{2}\left(\frac{\mathrm{d}u}{\mathrm{d}z}\right)^2 + \frac{1}{2}\left(\frac{\mathrm{d}v}{\mathrm{d}z}\right)^2 + 1\right]\mathrm{d}z \tag{5.46}$$

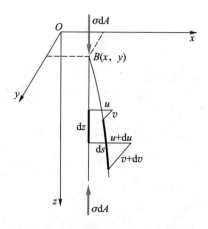

图 5.9 B 点纵向纤维的变形

B 点纵向纤维变形后两端的缩短为

$$\Delta_B = s - l = \frac{1}{2}\int_0^l \left[\left(\frac{\mathrm{d}u}{\mathrm{d}z}\right)^2 + \left(\frac{\mathrm{d}v}{\mathrm{d}z}\right)^2 \right] \mathrm{d}z \qquad (5.47)$$

应力 $\sigma = F/A$ 在小条上的外力功为

$$\mathrm{d}W = \Delta_B \sigma \mathrm{d}A = \frac{1}{2}\int_0^l \sigma \mathrm{d}A (u_B'^2 + v_B'^2)\mathrm{d}z$$

$$= \frac{1}{2}\int_0^l \sigma \mathrm{d}A \{ [u' - (y - y_0)\theta']^2 + [v' + (x - x_0)\theta']^2 \} \mathrm{d}z$$

$$(5.48)$$

对整个杆件,压力 F 的外力功为

$$W = \int_A \mathrm{d}W = \frac{1}{2}\int_A \int_0^l \frac{F}{A}\mathrm{d}A \{ [u' - (y - y_0)\theta']^2 + [v' + (x - x_0)\theta']^2 \} \mathrm{d}z$$

$$= \frac{1}{2}F\int_0^l (u'^2 + v'^2 + 2y_0 u'\theta' - 2x_0 v'\theta' + r_0^2 \theta'^2)\mathrm{d}z$$

$$(5.49)$$

式中

$$r_0^2 = \frac{I_x + I_y}{A} + x_0^2 + y_0^2 \qquad (5.50)$$

并考虑了

$$\int_A x\mathrm{d}A = \int_A y\mathrm{d}A = 0 (原点是形心), \quad \int_A x^2 \mathrm{d}A = I_y, \quad \int_A y^2 \mathrm{d}A = I_x$$

因此,总势能为 $E_p = E_\varepsilon + E_V = E_\varepsilon - W$,即

$$E_p = \frac{1}{2}\int_0^l \left[\, GI_t\theta'^2 + EI_\omega\theta''^2 + EI_y u''^2 + EI_x v''^2 - Fu'^2 - Fv'^2 - 2Fy_0 u'\theta' + \right.$$

$$\left. 2Fx_0 v'\theta' - Fr_0^2\theta'^2 \right]\mathrm{d}z$$

$$(5.51)$$

下面用瑞利-里茨法来求两端简支杆件的临界荷载近似解。杆端简支时的边界条件为

$$\text{当 } z=0 \text{ 和 } z=l \text{ 时}: u=v=\theta=0, \ u''=v''=\theta''=0 \qquad (5.52)$$

设满足上述边界条件的位移函数为

$$\left.\begin{aligned} u &= A\sin\frac{n\pi z}{l} \\ v &= B\sin\frac{n\pi z}{l} \\ \theta &= C\sin\frac{n\pi z}{l} \end{aligned}\right\} \qquad (n=1,2,\cdots) \qquad (5.53)$$

将上式代入总势能表达式(5.51)中,得到

$$E_p = \frac{1}{2}\left[\, GI_t\left(\frac{n\pi}{l}\right)^2 C^2\int_0^l \cos^2\left(\frac{n\pi z}{l}\right)\mathrm{d}z + EI_\omega\left(\frac{n\pi}{l}\right)^4 C^2\int_0^l \sin^2\left(\frac{n\pi z}{l}\right)\mathrm{d}z + \right.$$

$$EI_y\left(\frac{n\pi}{l}\right)^4 A^2\int_0^l \sin^2\left(\frac{n\pi z}{l}\right)\mathrm{d}z + EI_x\left(\frac{n\pi}{l}\right)^4 B^2\int_0^l \sin^2\left(\frac{n\pi z}{l}\right)\mathrm{d}z - $$

$$F\left(\frac{n\pi}{l}\right)^2 A^2\int_0^l \cos^2\left(\frac{n\pi z}{l}\right)\mathrm{d}z - F\left(\frac{n\pi}{l}\right)^2 B^2\int_0^l \cos^2\left(\frac{n\pi z}{l}\right)\mathrm{d}z - $$

$$2Fy_0 AC\left(\frac{n\pi}{l}\right)^2\int_0^l \cos^2\left(\frac{n\pi z}{l}\right)\mathrm{d}z + 2Fx_0 BC\left(\frac{n\pi}{l}\right)^2\int_0^l \cos^2\left(\frac{n\pi z}{l}\right)\mathrm{d}z - $$

$$\left. 2Fr_0^2\left(\frac{n\pi}{l}\right)^2 C^2\int_0^l \cos^2\left(\frac{n\pi z}{l}\right)\mathrm{d}z \right]$$

利用积分

$$\int_0^l \cos^2\left(\frac{n\pi z}{l}\right)\mathrm{d}z = \int_0^l \sin^2\left(\frac{n\pi z}{l}\right)\mathrm{d}z = \frac{1}{2}$$

经整理后,总势能表达式为

$$E_p = \frac{l}{4}\left(\frac{n\pi}{l}\right)^2\left[\, (F_y-F)A^2 + (F_x-F)B^2 + \right.$$

$$\left. r_0^2 C^2(F_\omega-F) - 2Fy_0 AC + 2Fx_0 BC \right] \qquad (5.54)$$

式中

$$F_x = \frac{n^2\pi^2 EI_x}{l^2}, \quad F_y = \frac{n^2\pi^2 EI_y}{l^2}, \quad F_\omega = \frac{1}{r_0^2}\left(\frac{n^2\pi^2 EI_\omega}{l^2} + GI_t\right) \qquad (5.55)$$

根据势能驻值原理,令 $\dfrac{\partial E_p}{\partial A}=0$,$\dfrac{\partial E_p}{\partial B}=0$,$\dfrac{\partial E_p}{\partial C}=0$,可得

$$\left.\begin{array}{l}(F_y-F)A-Fy_0C=0\\[2mm](F_x-F)B-Fx_0C=0\\[2mm]-Fy_0A+Fx_0B+r_0^2(F_\omega-F)C=0\end{array}\right\}\tag{5.56}$$

A、B、C 不同时为零的条件是其系数行列式 $\Delta=0$,即

$$\begin{vmatrix}F_y-F & 0 & -Fy_0\\[2mm]0 & F_x-F & -Fx_0\\[2mm]-Fy_0 & Fx_0 & r_0^2(F_\omega-F)\end{vmatrix}=0\tag{5.57}$$

展开上式,得到稳定方程为

$$(F_x-F)(F_y-F)(F_\omega-F)r_0^2-y_0^2F^2(F_x-F)-x_0^2F^2(F_y-F)=0\tag{5.58}$$

解上式得 F 的最小根即为临界荷载 F_{cr}。现对临界荷载讨论如下。

(1)当杆件截面为双轴对称(如工字形截面)或者点对称(如 Z 形截面)时,形心与弯曲中心重合。因此,$x_0=y_0=0$,方程(5.58)简化为

$$(F_x-F)(F_y-F)(F_\omega-F)=0\tag{5.59}$$

此方程的根为 F_x、F_y、F_ω,见式(5.55)。但注意到,临界荷载只可能发生在 $n=1$ 时,故取方程的根为

$$\left.\begin{array}{l}F=F_x=\dfrac{\pi^2EI_x}{l^2}\\[5mm]F=F_y=\dfrac{\pi^2EI_y}{l^2}\\[5mm]F=F_\omega=\dfrac{1}{r_0^2}\left(\dfrac{\pi^2EI_\omega}{l^2}+GI_t\right)\end{array}\right\}\tag{5.60}$$

其最小根就是双轴对称截面轴心压杆的临界荷载 F_{cr},哪个根最小与截面形状和尺寸、长细比等因素有关。当 $F_{cr}=F_x$ 或者 $F_{cr}=F_y$ 时,杆件发生绕 y 轴或者绕 x 轴弯曲失稳,当 $F_{cr}=F_\omega$ 时,杆件发生绕 z 轴(形心与弯曲中心重合)的扭转失稳。也就是说,双轴对称或者点对称截面轴心压杆只会发生绕两个主轴的弯曲失稳或者绕弯曲中心的纯扭转失稳,不会发生弯扭失稳。一般情况下,轴心受压工字形截面杆件绕弱轴的弯曲失稳临界荷载低于绕强轴的弯曲失稳临界荷载,也低于绕弯曲中心的扭转失稳临界荷载,因此工字形截面杆件常常只会发生绕弱轴的弯曲失稳形式。对于轴心受压十字形截面杆件,由于 $I_\omega=0$,如果发生扭转失稳,则临界荷载为

$$F_\omega=\dfrac{GI_t}{r_0^2}\tag{5.61}$$

上式与十字形截面杆件的长度无关,一旦发生扭转失稳就是自由扭转。由此可见,对于轴心受压十字形截面杆件,当杆件的长细比较小时,其弯曲临界荷载较高,当超过 F_ω 后,杆件就会发生扭转失稳。

如果将式(5.60)代入式(5.56),也可以看出双轴对称截面轴心压杆不会发生弯扭失稳。为此,可以得到

① 当 $F = F_y$ 时,只有 $A \neq 0$,而 $B = C = 0$;

② 当 $F = F_x$ 时,只有 $B \neq 0$,而 $A = C = 0$;

③ 当 $F = F_\omega$ 时,只有 $C \neq 0$,而 $A = B = 0$。

由位移函数式(5.53)可知,双轴对称截面轴心压杆只有一种变形存在,不会发生弯扭变形耦合。

(2)当杆件截面为单轴对称(设 y 为对称轴,如 T 形截面),形心与弯曲中心不重合,但都在对称轴上,则 $x_0 = 0$,稳定方程(5.58)简化为

$$(F_x - F)\left[(F_y - F)(F_\omega - F)r_0^2 - F^2 y_0^2\right] = 0 \qquad (5.62)$$

其根为(最小根取 $n = 1$)

$$F = F_x = \frac{\pi^2 E I_x}{l^2} \qquad (5.63)$$

或者

$$F = \frac{1}{2k}\left[(F_\omega + F_y) - \sqrt{(F_\omega + F_y)^2 - 4k F_\omega F_y}\right] \qquad (5.64)$$

式中

$$k = 1 - \left(\frac{y_0}{r_0}\right)^2 \qquad (5.65)$$

式(5.63)表示可能发生的弯曲失稳临界荷载,式(5.64)表示可能发生的弯扭失稳临界荷载,应比较式(5.63)和式(5.64),其最小值才是真正的临界荷载 F_{cr}。轴心受压单轴对称截面杆件,既可能发生弯曲屈曲也可能发生弯扭屈曲,究竟会发生哪种屈曲,由截面形状和尺寸而定。此外,应注意到,反映弯扭屈曲的稳定方程式(5.62)中的方括号项与其根式(5.64)与第 5.2.2 节的式(5.21)和式(5.22)完全相同。

(3)当杆件截面不对称时,方程(5.58)不能简化,其临界荷载为此三次方程三个根中的最小值,必然发生弯扭屈曲。

5.5 用能量法计算开口薄壁偏心压杆的屈曲荷载

分析如图 5.10 所示的偏心压杆,符号规定与上节相同。分析中的基本假

定,除上节的规定外,另外假定:① 在绕 x 轴的弯矩 M_x 和绕 y 轴的弯矩 M_y 作用下,杆件的弯曲变形很小,可忽略不计,也就是说,杆件在屈曲前保持直线;② 杆件有足够的刚度,因而不考虑轴力对弯矩的影响。所以在截面上坐标为 (x,y) 的任一点的应力为

$$\sigma = \frac{F}{A} + \frac{M_x y}{I_x} + \frac{M_y x}{I_y} \tag{5.66}$$

如果假设 e_x 为偏心荷载 F 对 x 轴的偏心距,e_y 为对 y 轴的偏心距,则荷载 F 的作用点位于坐标 (e_x, e_y),$M_x = Fe_x$,$M_y = Fe_y$。

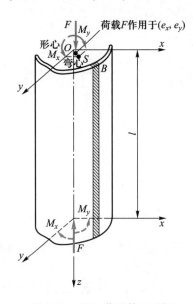

图 5.10 开口薄壁偏心压杆

现在来分析中性平衡状态下的总势能。设中性平衡状态下,弯曲中心 S 在 x 轴和 y 轴方向的位移分别为 u 和 v,截面绕弯曲中心转动的扭角为 θ。符号的正负号规定与上节相同。总应变能表达式见式(5.41),下面只需要研究外力势能。

与上节类似,考虑 $\mathrm{d}A \times l$ 的纵向小条,$\mathrm{d}A$ 位于 B 点,坐标为 (x,y),B 点的位移见式(5.42)与式(5.43),纵向小条上外力所作的功为

$$\mathrm{d}W = \frac{1}{2}\int_0^l \sigma \mathrm{d}A \left\{ \left[u' - (y - y_0)\theta' \right]^2 + \left[v' + (x - x_0)\theta' \right]^2 \right\} \mathrm{d}z \tag{5.67}$$

上式与式(5.48)相同,但应力 σ 的含义不同,为此将式(5.66)代入上式,并对整个截面积分,同时注意到

$$\left. \begin{array}{c} \int_A x \mathrm{d}A = \int_A y \mathrm{d}A = \int_A xy \mathrm{d}A = 0 \\[2mm] \int_A x^2 \mathrm{d}A = I_y, \quad \int_A y^2 \mathrm{d}A = I_x \\[2mm] r_0^2 = \dfrac{I_x + I_y}{A} + x_0^2 + y_0^2 \end{array} \right\} \qquad (5.68)$$

$$\beta_y = \frac{1}{2I_x} \int_A y(x^2 + y^2) \mathrm{d}A - y_0 \qquad (5.69)$$

$$\beta_x = \frac{1}{2I_y} \int_A x(x^2 + y^2) \mathrm{d}A - x_0 \qquad (5.70)$$

整个杆件上外力所作的功为

$$\begin{aligned} W = \int_A \mathrm{d}W &= \frac{1}{2} \int_0^l \int_A \left(\frac{F}{A} + \frac{M_x y}{I_x} + \frac{M_y x}{I_y} \right) \left[u'^2 + v'^2 + (y - y_0)^2 \theta'^2 + \right. \\ &\quad \left. (x - x_0)^2 \theta'^2 - 2(y - y_0)u'\theta' + 2(x - x_0)v'\theta' \right] \mathrm{d}A \mathrm{d}z \\ &= \frac{1}{2} \int_0^l \left[Fu'^2 + Fv'^2 + Fr_0^2 \theta'^2 + 2(Fy_0 - M_x)u'\theta' - \right. \\ &\quad \left. 2(Fx_0 - M_y)v'\theta' + 2(M_x \beta_y + M_y \beta_x)\theta'^2 \right] \mathrm{d}z \qquad (5.71) \end{aligned}$$

因此,总势能为 $E_p = E_\varepsilon + E_V = E_\varepsilon - W$,即

$$\begin{aligned} E_p &= \frac{1}{2} \int_0^l \left[GI_t \theta'^2 + EI_\omega \theta''^2 + EI_y u''^2 + EI_x v''^2 - F(u'^2 + v'^2 + r_0^2 \theta'^2) - \right. \\ &\quad \left. 2(Fy_0 - M_x)u'\theta' + 2(Fx_0 - M_y)v'\theta' - 2(M_x \beta_y + M_y \beta_x)\theta'^2 \right] \mathrm{d}z \\ &\qquad\qquad (5.72) \end{aligned}$$

下面用瑞利-里茨法来求两端简支杆件的临界荷载近似解。杆端简支时的边界条件为

$$\text{当 } z = 0 \text{ 和 } z = l \text{ 时}: u = v = \theta = 0, \ u'' = v'' = \theta'' = 0 \qquad (5.73)$$

设满足上述边界条件的位移函数为

$$\left. \begin{array}{c} u = A \sin \dfrac{n\pi z}{l} \\[3mm] v = B \sin \dfrac{n\pi z}{l} \\[3mm] \theta = C \sin \dfrac{n\pi z}{l} \end{array} \right\} \qquad (n = 1, 2, \cdots) \qquad (5.74)$$

将上式代入总势能表达式(5.72),并根据势能驻值原理,令 $\dfrac{\partial E_p}{\partial A} = 0$, $\dfrac{\partial E_p}{\partial B} = 0$,

$\dfrac{\partial E_p}{\partial C} = 0$,可得

$$
\left.
\begin{aligned}
&(F_y-F)A-F(y_0-e_x)C=0\\
&(F_x-F)B+F(x_0-e_y)C=0\\
&-F(y_0-e_x)A+F(x_0-e_y)B+\left[r_0^2(F_\omega-F)-2Fe_x\beta_y-2Fe_y\beta_x\right]C=0
\end{aligned}
\right\}
\tag{5.75}
$$

A、B、C 不同时为零的条件是其系数行列式 $\Delta=0$,由此可得稳定方程为

$$
\begin{aligned}
&(F_x-F)(F_y-F)\left[(F_\omega-F)r_0^2-2F(e_x\beta_y+e_y\beta_x)\right]-\\
&F^2(F_x-F)(y_0-e_x)^2-F^2(F_y-F)(x_0-e_y)^2=0
\end{aligned}
\tag{5.76}
$$

解此三次方程式,可得到 F 的三个根,其最小根就是所求的临界荷载。下面讨论几种特殊情况。

（1）当截面为双轴对称,且压力 F 作用在一个对称轴上（如 y 轴）时,$x_0=y_0=e_y=0$。由于对称性,由式（5.69）和式（5.70）可知,$\beta_x=\beta_y=0$。稳定方程（5.76）可简化为

$$
(F_x-F)\left[(F_y-F)(F_\omega-F)r_0^2-F^2e_x^2\right]=0
\tag{5.77}
$$

即

$$
\left.
\begin{aligned}
&(F_x-F)=0\\
&(F_y-F)(F_\omega-F)r_0^2-F^2e_x^2=0
\end{aligned}
\right\}
\tag{5.78}
$$

其根为（最小根取 $n=1$）

$$
F=F_x=\frac{\pi^2EI_x}{l^2}
\tag{5.79}
$$

或者

$$
F=\frac{1}{2(1-k_1^2)}\left[(F_\omega+F_y)\pm\sqrt{(F_\omega+F_y)^2-4k_1^2F_\omega F_y}\right]
\tag{5.80}
$$

式中

$$
k_1=\frac{e_x}{r_0},\qquad r_0^2=\frac{I_x+I_y}{A}
\tag{5.81}
$$

式（5.79）和式（5.80）的三个根的最小值就是临界荷载。当临界荷载是式（5.79）的 F_x 时,是弯矩作用平面内（荷载作用在 y 轴上）绕 x 轴的弯曲失稳。当临界荷载由式（5.80）确定时,发生对称平面外（前面已设 y 轴为对称轴）的弯扭失稳。

当发生弯扭失稳时,如果 $k_1<1$（即 $e_x<r_0$）,F 有两个正根,其中较小根为临界荷载;如果 $k_1=0$（即 $e_x=0$）,为轴心受压,则 $F=F_y$ 或 $F=F_\omega$,其中较小根为临界荷载,这与上节讨论相同;如果 $k_1=1$（即 $e_x=r_0$）,由式（5.78）第二式可得临界荷载 $F_{cr}=F_\omega F_y/(F_\omega+F_y)$;如果 $k_1>1$（即 $e_x>r_0$）,则 F 有两个根,一个为正根,另一个为负根,负根表示在大偏心受拉时杆件的弯扭失稳。

（2）当截面为单轴对称,且压力 F 作用在对称轴上（设 y 为对称轴）时,

$x_0 = e_y = \beta_x = 0$。稳定方程(5.76)可简化为

$$(F_x - F)\{(F_y - F)[(F_\omega - F)r_0^2 - 2Fe_x\beta_y] - F^2(y_0 - e_x)^2\} = 0 \qquad (5.82)$$

即

$$\left.\begin{array}{l}(F_x - F) = 0 \\[2mm] (F_y - F)[(F_\omega - F)r_0^2 - 2Fe_x\beta_y] - F^2(y_0 - e_x)^2 = 0\end{array}\right\} \qquad (5.83)$$

式中的三个根的最小值就是临界荷载。当临界荷载是式(5.83)第一个式子的 F_x 时,表示发生绕 x 轴的弯曲失稳。当临界荷载由(5.83)的第二个式子确定时,表示发生弯扭失稳。其根为(最小根取 $n = 1$)

$$F = F_x = \frac{n^2\pi^2 EI_x}{l^2} \qquad (5.84)$$

当荷载作用在弯曲中心时,即当 $e_x = y_0$ 时,稳定方程式(5.83)可进一步简化为

$$\left.\begin{array}{l}(F_x - F) = 0 \\[2mm] (F_y - F) = 0 \\[2mm] (F_\omega - F)r_0^2 - 2Fe_x\beta_y = 0\end{array}\right\} \qquad (5.85)$$

从而得到

$$\left.\begin{array}{l}F = F_x = \dfrac{\pi^2 EI_x}{l^2} \\[4mm] \text{或 } F = F_y = \dfrac{\pi^2 EI_y}{l^2} \\[4mm] \text{或 } F = \dfrac{F_\omega r_0^2}{r_0^2 + 2y_0\beta_y}\end{array}\right\} \qquad (5.86)$$

这三个根的最小值就是临界荷载。第一、二个根分别表示绕 x 轴、y 轴弯曲失稳的临界荷载,第三个根表示绕弯曲中心的扭转失稳。由此可知,偏心受压杆件的荷载 F 通过截面弯曲中心时,其失稳情况或者是弯曲失稳,或者是扭转失稳,不可能发生弯扭失稳。根据式(5.76)可知,这个结论也适用于无对称轴的截面,其相应的扭转失稳临界荷载为

$$F = \frac{F_\omega r_0^2}{r_0^2 + 2x_0\beta_x + 2y_0\beta_y} \qquad (5.87)$$

习   题

5.1 试推导计算轴心受压杆件扭转屈曲的换算长细比公式,并说明图示十字形截面构件的长细比 λ 与板件的宽厚比 b/t 之间满足什么关系时,构件不会发生扭转屈曲。

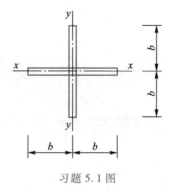

习题 5.1 图

5.2　一两端铰接且端部截面可以自由翘曲的双轴对称工字形截面轴心受压杆件,其长度为 6 m,截面尺寸(单位为 mm)如题图(a)所示。试判断在以下三种情况下可能发生的失稳形式:(1) 在中间不加支撑;(2) 在 1/2 长度的截面剪心加支撑;(3) 在 1/2 长度的两翼缘加支撑。

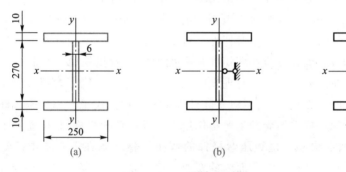

习题 5.2 图

第 5 章
习题答案

第 6 章
压弯杆件在弯矩作用平面内的稳定

第 6 章
教学课件

6.1 引言

同时承受轴心压力和弯矩作用的杆件称为压弯杆件。由于压弯杆件兼有受压和受弯的功能，又普遍出现在框架结构中，因此又称为梁柱。

钢结构中的压弯杆件，其截面一般至少有一个对称轴。弯矩作用在一个对称平面内的压弯杆件，称为单向压弯杆件。对单向压弯杆件，有可能在弯矩作用平面内发生弯曲失稳，也有可能在弯矩作用平面外发生弯扭失稳。弯曲失稳为第二类稳定问题，即极值点失稳。对理想的无缺陷的压弯杆件，其弯扭失稳属于第一类稳定问题，即分支点失稳，但对实际杆件则是极值点失稳。如果压弯杆件在侧向有足够的支撑，杆件不会发生弯矩作用平面外的弯扭失稳，只可能发生弯矩作用平面内的弯曲失稳。理想压弯杆件的弯扭失稳问题在上一章中已经介绍，本章只讨论压弯杆件在弯矩平面内的弯曲失稳问题。

6.2 横向均布荷载作用的压弯杆件

图 6.1a 为在均布荷载 q 作用下两端铰接的压弯杆件。取图 6.1b 所示隔离体，在 x 截面处的内力矩为 $-EIy''$，外力矩为 $Fy+qx(l-x)/2$，其平衡方程为

$$EIy''+Fy=qx(x-l)/2$$

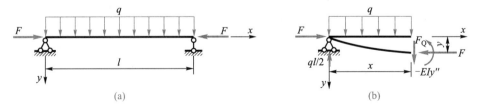

(a)   (b)

图 6.1　受均布荷载作用的压弯杆件

令 $\alpha^2 = F/EI$,则

$$y'' + \alpha^2 y = \frac{qx(x-l)}{2EI} \tag{6.1}$$

方程(6.1)对应的齐次线性方程 $y'' + \alpha^2 y = 0$ 的通解可写为

$$y = A\sin\alpha x + B\cos\alpha x$$

方程(6.1)的特解可写为 $y = c_1 x^2 + c_2 x + c_3$,代入方程(6.1)可确定其系数为

$$c_1 = \frac{q}{2F}, \quad c_2 = -\frac{ql}{2F}, \quad c_3 = -\frac{q}{\alpha^2 F}$$

则方程(6.1)的通解为

$$y = A\sin\alpha x + B\cos\alpha x + \frac{qx}{2F}(x-l) - \frac{q}{\alpha^2 F} \tag{6.2}$$

由边界条件 $y(0) = 0$ 和 $y(l) = 0$,可确定其系数为

$$A = \frac{q}{\alpha^2 F}\tan\frac{\alpha l}{2}, \quad B = \frac{q}{\alpha^2 F}$$

则

$$y = \frac{q}{\alpha^4 EI}\left(\tan\frac{\alpha l}{2}\sin\alpha x + \cos\alpha x - 1\right) - \frac{qx}{2\alpha^2 EI}(l-x) \tag{6.3}$$

令 $u = \alpha l/2$,杆件跨中最大挠度为

$$y_{max} = y\left(\frac{l}{2}\right) = \frac{ql^4}{16EIu^4}\frac{1-\cos u}{\cos u} - \frac{ql^4}{32EIu^2}$$

$$= \frac{12(2\sec u - u^2 - 2)}{5u^4}y_0 = A_m y_0 \tag{6.4}$$

式中,$y_0 = \frac{5ql^4}{384EI}$,是当 $F = 0$ 时均布荷载作用下简支梁的最大挠度;$A_m = \frac{12(2\sec u - u^2 - 2)}{5u^4}$,为考虑轴力影响后的挠度放大系数。

将 A_m 表达式中的 $\sec u$ 展开成幂级数,有

$$\sec u = 1 + \frac{1}{2}u^2 + \frac{5}{24}u^4 + \frac{61}{720}u^6 + \frac{277}{8\,064}u^8 + \cdots$$

根据 $u = \alpha l/2$,$F_E = \pi^2 EI/l^2$,式中

$$u = \frac{\alpha l}{2} = \frac{l}{2}\sqrt{\frac{F}{EI}} = \frac{\pi}{2}\sqrt{\frac{F}{F_E}} \tag{6.5}$$

则挠度的放大系数为

$$A_m = \left[1 + 1.003\,4\frac{F}{F_E} + 1.003\,8\left(\frac{F}{F_E}\right)^2 + \cdots\right] \approx \frac{1}{1-F/F_E} \tag{6.6}$$

式(6.4)可简化为

$$y_{\max}=y\left(\frac{l}{2}\right)=\frac{1}{1-F/F_{\mathrm{E}}}y_0 \tag{6.7}$$

于是,利用上式并注意到 $y_0=\dfrac{5ql^4}{384EI}=\dfrac{5\pi^2M_0}{48F_{\mathrm{E}}}$,杆件中点的最大弯矩为

$$M_{\max}=\frac{ql^2}{8}+Fy\left(\frac{l}{2}\right)=\frac{1+0.028F/F_{\mathrm{E}}}{1-F/F_{\mathrm{E}}}M_0=B_{\mathrm{m}}M_0 \tag{6.8}$$

式中,$B_{\mathrm{m}}=\dfrac{1+0.028F/F_{\mathrm{E}}}{1-F/F_{\mathrm{E}}}$,为考虑轴力影响后的弯矩放大系数;$M_0=\dfrac{ql^2}{8}$,是当 $F=$ 0 时均布荷载作用下简支梁的跨中最大弯矩。

在压弯杆件中,不考虑轴压力及纵向弯曲变形影响的弯矩称为一阶弯矩,考虑轴压力和纵向弯曲变形影响的弯矩称为二阶弯矩。因此,M_0 是一阶弯矩,$M_{\max}$ 是二阶弯矩。

6.3　横向集中荷载作用的压弯杆件

图 6.2a 为承受跨中集中荷载 F_{Q} 作用的两端铰接压弯杆件。取图 6.2b 所示隔离体,列出平衡方程。

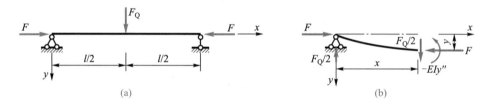

图 6.2　受跨中集中荷载作用的压弯杆件

当 $0<x\leqslant l/2$ 时,平衡方程为

$$EIy''+Fy=-\frac{F_{\mathrm{Q}}x}{2}$$

令 $\alpha^2=F/(EI)$,则

$$y''+\alpha^2y=-\frac{F_{\mathrm{Q}}x}{2EI} \tag{6.9}$$

通解为

$$y=A\sin\alpha x+B\cos\alpha x-\frac{F_{\mathrm{Q}}x}{2F}$$

代入边界条件 $y(0)=0$, $y'(l/2)=0$, 得系数 $A=\dfrac{F_Q}{2F\alpha}\sec\dfrac{\alpha l}{2}$ 和 $B=0$, 则通解

$$y=\frac{F_Q}{2F\alpha}\left(\sec\frac{\alpha l}{2}\sec\alpha x-\alpha x\right) \tag{6.10}$$

令 $u=\alpha l/2$, 当 $x=l/2$ 时, 跨中最大挠度为

$$y_{max}=y\left(\frac{l}{2}\right)=\frac{F_Q l}{4Fu}(\tan u-u)=\frac{F_Q l^3}{48EI}\times\frac{3}{u^3}(\tan u-u)$$

$$=y_0\frac{3(\tan u-u)}{u^3}=A_m y_0 \tag{6.11}$$

式中, $y_0=\dfrac{F_Q l^3}{48EI}$, 是当 $F=0$ 时跨中集中荷载 F_Q 作用下简支梁的最大挠度; $A_m=$

$\dfrac{3(\tan u-u)}{u^3}$, 为考虑轴力影响后挠度的放大系数。

将 A_m 表达式中的 $\tan u$ 展开成幂级数, 有

$$\tan u=u+\frac{u^3}{3}+\frac{2u^5}{15}+\frac{17u^7}{315}+\cdots$$

将 $u=\dfrac{\alpha l}{2}=\dfrac{l}{2}\sqrt{\dfrac{F}{EI}}=\dfrac{\pi}{2}\sqrt{\dfrac{F}{F_E}}$ 代入, 则挠度的放大系数为

$$A_m=\left[1+0.987\frac{F}{F_E}+0.986\left(\frac{F}{F_E}\right)^2+\cdots\right]\approx\frac{1}{1-F/F_E} \tag{6.12}$$

因此, 式(6.11)可简化为

$$y_{max}=y\left(\frac{l}{2}\right)=\frac{1}{1-F/F_E}y_0 \tag{6.13}$$

于是, 利用上式并注意到 $y_0=\dfrac{F_Q l^3}{48EI}=\dfrac{\pi^2 M_0}{12F_E}$, 杆件中点的最大弯矩为

$$M_{max}=\frac{F_Q l}{4}+Fy\left(\frac{l}{2}\right)=\frac{1-0.178F/F_E}{1-F/F_E}M_0=B_m M_0 \tag{6.14}$$

式中, $M_0=\dfrac{F_Q l}{4}$, 是当 $F=0$ 时集中荷载作用下简支梁跨中最大弯矩; $B_m=$

$\dfrac{1-0.178F/F_E}{1-F/F_E}$, 为考虑轴力影响后的弯矩放大系数。

6.4　两端等弯矩作用的压弯杆件

图 6.3a 为两端受等弯矩作用的压弯杆件。取图 6.3b 所示隔离体,在任一截面处的内力矩为 $-EIy''$,外力矩为 M_0+Fy,则平衡方程为

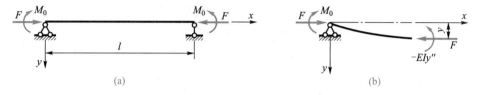

图 6.3　两端等弯矩作用的压弯杆件

$$EIy''+Fy=-M_0$$

或

$$y''+\alpha^2 y=-\frac{M_0}{EI} \tag{6.15}$$

令 $\alpha^2=F/EI$,其通解为

$$y=A\sin \alpha x+B\cos \alpha x-\frac{M_0}{F} \tag{6.16}$$

代入边界条件 $y(0)=0$ 和 $y(l)=0$,得

$$A=\frac{1-\cos \alpha l}{\sin \alpha l}\frac{M_0}{F}, \quad B=\frac{M_0}{F}$$

将 A 和 B 分别代入通解,可以得到此压弯杆件的挠曲线方程为

$$y=\left(\frac{1-\cos \alpha l}{\sin \alpha l}\sin \alpha x+\cos \alpha x-1\right)\frac{M_0}{F} \tag{6.17}$$

中点最大挠度为

$$y_{\max}=y\left(\frac{l}{2}\right)=\frac{M_0}{F}\left(\frac{1-\cos \alpha l}{\sin \alpha l}\sin \frac{\alpha l}{2}+\cos \frac{\alpha l}{2}-1\right)$$

将三角恒等式 $\cos \alpha l=1-2\sin^2\left(\frac{\alpha l}{2}\right)$,$\sin \alpha l=2\sin \frac{\alpha l}{2}\cos \frac{\alpha l}{2}$ 代入上式,得

$$y_{\max}=y\left(\frac{l}{2}\right)=\frac{M_0}{F}\left(\sec \frac{\alpha l}{2}-1\right)=\frac{M_0}{F}\left[\sec\left(\frac{\pi}{2}\sqrt{\frac{F}{F_E}}\right)-1\right] \tag{6.18}$$

将式(6.18)按级数展开,并利用关系式 $u=\frac{\alpha l}{2}=\frac{l}{2}\sqrt{\frac{F}{EI}}=\frac{\pi}{2}\sqrt{\frac{F}{F_E}}$,得

$$y_{max} = y\left(\frac{l}{2}\right) = \frac{M_0}{F}\left(\frac{1}{2}u^2 + \frac{5}{24}u^4 + \frac{61}{720}u^6 + \frac{1\,385}{40\,320}u^8 + \cdots\right)$$

$$= \frac{\pi^2 M_0}{8F_E}\left[1 + 1.025\frac{F}{F_E} + 1.02\left(\frac{F}{F_E}\right)^2 + \cdots\right]$$

$$= \frac{\pi^2}{8}\frac{M_0}{F}\frac{F/F_E}{1-F/F_E} = \frac{1}{1-F/F_E}\frac{M_0 l^2}{8EI} = A_m y_0 \qquad (6.19)$$

式中，$y_0 = \dfrac{M_0 l^2}{8EI}$，是两端等弯矩 $M_0 = Fe$ 作用下的简支梁的最大挠度；$A_m =$

$\dfrac{1}{1-F/F_E}$，为考虑轴力影响后挠度的放大系数。则最大弯矩为

$$M_{max} = M_0 + Fy\left(\frac{l}{2}\right) = M_0\left(1 + \frac{1}{1-F/F_E}\frac{Fl^2}{8EI}\right)$$

$$= M_0\left(1 + \frac{\pi^2}{8}\frac{F/F_E}{1-F/F_E}\right) = \frac{1+0.234F/F_E}{1-F/F_E}M_0 = B_m M_0 \qquad (6.20)$$

式中，$B_m = \dfrac{1+0.234F/F_E}{1-F/F_E}$，为考虑轴力影响后弯矩的放大系数。

6.5 压弯杆件的等效弯矩系数

为简单起见，在钢结构稳定设计中，无论是哪种荷载作用下的压弯杆件，均等效成两端等弯矩作用的压弯杆件计算，等效的原则是保持二阶弯矩最大值不变。两端等弯矩作用的压弯杆件称为等效压弯杆件，其两端弯矩称为等效弯矩。

如跨中集中荷载作用下的压弯杆件(图 6.4a)可以等效成两端作用等效弯矩为 M 的压弯杆件(图 6.4b)。根据式(6.14)，跨中集中荷载 F_Q 作用下的压弯杆件的最大二阶弯矩为

$$M_{max} = \frac{1-0.178F/F_E}{1-F/F_E}M_0$$

其中，$M_0 = \dfrac{F_Q l}{4}$ 是一阶弯矩。

两端作用等效弯矩为 M 的压弯杆件的最大二阶弯矩为

$$M_{max} = \frac{1+0.234F/F_E}{1-F/F_E}M$$

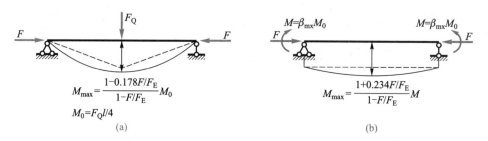

图 6.4   压弯杆件稳定计算的等效弯矩

根据等效原则,令式(6.14)和式(6.20)相等,得到等效弯矩为

$$M = \frac{1-0.178F/F_E}{1+0.234F/F_E} \times \frac{F_Q l}{4} = \beta_{mx} M_0 \tag{6.21}$$

式中,$\beta_{mx} = \dfrac{1-0.178F/F_E}{1+0.234F/F_E}$,称为等效弯矩系数。

两端等弯矩 $\beta_{mx} M_0$ 作用的压弯杆件与跨中集中荷载 F_Q 作用下的压弯杆件具有相同的跨中最大弯矩,故认为两种压弯杆件是等效的。

对其他荷载作用的压弯杆件,也可以得到相应的等效弯矩系数 β_{mx}。等效弯矩系数 β_{mx} 的意义就在于把各种不同荷载作用的压弯杆件转化成两端等弯矩的压弯杆件来处理。

为了应用方便和简单,钢结构设计标准对等效弯矩系数 β_{mx} 又做了进一步的简化分析,将两端等弯矩 M 作用时压弯杆件的最大弯矩公式(6.20)简化为

$$M_{max} = \frac{M}{1-F/F_E} \tag{6.22}$$

显然,这种简化认为压弯杆件的挠度放大系数和弯矩放大系数相同。实际应用的压弯杆件一般 F/F_E 较小,当 F/F_E 较小时,式(6.20)与式(6.22)的差别很小,其差别在 $F = F_E$ 时最大,但也只相差 0.25。所以,在钢结构设计中采用近似公式(6.22),误差不大且应用方便,采用近似公式(6.22)分析得出的等效弯矩系数 β_{mx} 见表 6.1。

由上可见,任一荷载作用下压弯杆件的跨中最大弯矩为

$$M_{max} = \frac{\beta_{mx} M_0}{1-F/F_E} \tag{6.23}$$

式中,M_0 为不考虑轴力影响时的最大弯矩。

表 6.1　等效弯矩系数 β_{mx}

序号	荷载及弯矩图形	等效压弯杆件	弹性分析值	标准采用值
1			1.0	1.0
2			$1+0.028\dfrac{F}{F_E}$	$1-0.18\dfrac{F}{F_E}$
3			$1-0.178\dfrac{F}{F_E}$	$1-0.36\dfrac{F}{F_E}$
4			$1+0.051\dfrac{F}{F_E}$	1.0
5			$1-0.589\dfrac{F}{F_E}$	1.0
6			$1-0.315\dfrac{F}{F_E}$	1.0
7			$\sqrt{0.3+0.4\dfrac{M_2}{M_1}+0.3\left(\dfrac{M_2}{M_1}\right)^2}$	$0.6+0.4\dfrac{M_2}{M_1}$

6.6   压弯杆件在弯矩作用平面内的稳定计算

对压弯杆件,当弯矩作用平面外有足够多支撑时,可以避免发生弯扭失稳,
只可能发生弯矩作用平面内弯曲失稳。压弯杆件在弯矩作用平面内的失稳属于
极值点失稳,是第二类稳定问题。

图 6.5a 为具有初始弯曲的两端受弯矩 M 作用的压弯杆件,当轴向力 F 与
弯矩 M 成比例增加时,轴向力 F 与杆件中点的挠度 δ 的关系曲线如图 6.5b 所
示。按弹性理论分析,压弯杆件的荷载-挠度曲线如图中 AD 段所示,它以轴心
受压杆件的欧拉临界荷载 F_E 处引出的水平线为渐近线。如按弹塑性理论分
析,荷载-挠度曲线将是图 6.5b 中的曲线 $O'ABC$,其中 $O'A$ 段为弹性阶段;在 A
点,杆件截面应力最大的纤维开始屈服,此后进入弹塑性阶段(AB 段曲线);上
升段 $O'B$ 表示杆件处于稳定平衡,曲线的下降段 BC 表示杆件处于不稳定平衡
状态,杆件在极值点 B 失稳。极值点 B 表示杆件维持内外力平衡时的极限承载
力,即表示杆件能承受的最大荷载。压弯杆件在弯矩作用平面内失稳时,以截面
边缘纤维屈服作为杆件的承载极限,即用弹性阶段的最大荷载作为杆件的承载
力,这一确定杆件承载力的方法称为边缘纤维屈服准则。用极值点 B 来确定杆
件承载力的方法称为极限承载力准则。

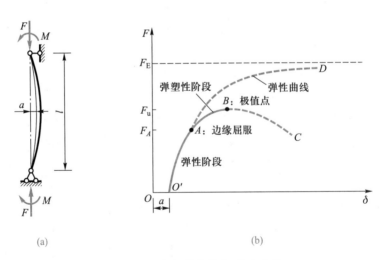

(a)   (b)

图 6.5   压弯杆件的荷载-挠度曲线

压弯杆件在弯矩作用平面内失稳时,边缘屈服点 B 的应力可以表示为

$$\frac{F}{A}+\frac{M_{\max}}{W}\leqslant f_y \tag{6.24}$$

式中,F 为轴压力;A 为杆件截面面积;W 为杆件最大受压纤维的截面模量;f_y 为材料的屈服强度;M_{max} 为考虑轴压力影响和初偏心(或初弯曲)影响的杆件中最大弯矩;考虑轴压力影响的二阶弯矩最大值按式(6.23)计算,若再考虑综合缺陷(等同于初弯曲)v_0 影响,则弯矩最大值为

$$M_{max}=\frac{\beta_{mx}M_0+Fv_0}{1-F/F_E} \qquad (6.25)$$

代入式(6.24),得到按边缘纤维屈服准则计算承载力的相关公式为

$$\frac{F}{A}+\frac{\beta_{mx}M_0+Fv_0}{(1-F/F_E)W}\leqslant f_y \qquad (6.26)$$

　　采用边缘纤维屈服准则表达式(6.26)确定压弯杆件的承载力,只考虑了杆件的弹性工作阶段,计算比较简单,但它并不代表压弯杆件的稳定荷载,结果偏保守,尤其是当截面有较大塑性发展潜力时更是如此。实际上,边缘纤维屈服准则计算的是杆件的强度,是二阶应力问题,不是稳定问题,是用应力问题代替了稳定问题。

　　由于压弯杆件出现了塑性,按极限承载力准则计算压弯杆件极限承载力 F_u 的方法大多很复杂。为了求压弯杆件平衡微分方程的闭合解,常采用耶硕克建议的近似方法,但这种解析方法必须引入一些近似计算假定,杆件缺陷因素无法考虑,极限荷载计算公式与截面形状相关,在应用上很不方便。目前最广泛采用的是数值方法,可以考虑杆件的各种缺陷影响,适用于不同边界条件及弹性和弹塑性工作阶段。按极限承载力准则计算压弯杆件的稳定承载力更加精确合理,但这些方法过于复杂,本章不作介绍。

　　无论采用上述哪种承载力准则,各有利弊。因此,钢结构设计标准大都采用相关公式来计算压弯杆件的稳定承载力。相关公式以式(6.26)为基础,根据压弯杆件的极限荷载数值分析和试验结果对式(6.26)做必要的调整,因此它是一种半经验半理论的方法。采用相关公式,保留了边缘纤维屈服准则计算简单和极限承载力准则计算精确合理的优点,又避免了各自的不合理性。当轴力为零时,相关公式与梁的计算公式相衔接;当弯矩为零时,相关公式又与轴心压杆计算公式相衔接。

习　　题

　　6.1　一端自由一端嵌固的大柔度压弯杆件如图所示,在自由端受轴向压力 F 和横向力 F_Q 共同作用。试推导:(1)杆端的最大挠度 δ;(2)杆件的最大弯矩 M_{max}。

　　6.2　试计算图示压弯杆件的弯矩。当 $F=\pi^2EI/l^2$ 时,弯矩值为多少?

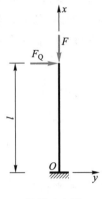

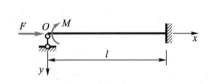

习题 6.1 图   习题 6.2 图

第 6 章

习题答案

第 **7** 章
刚架的稳定

第 7 章
教学课件

7.1 引言

当刚架的组成和荷载作用条件不同时,刚架平面内失稳性质有所区别,可以根据刚架平面内失稳时其柱顶有无侧移划分为有侧移失稳和无侧移失稳两类。

图 7.1 为作用对称荷载的单跨对称刚架,用交叉支撑阻止柱顶侧移,两个集中荷载 F 均沿柱轴线作用,若不考虑几何缺陷,当荷载增加到临界荷载 F_{cr} 时,刚架将产生对称弯曲变形(如图 7.1 中虚线所示),即发生分支失稳,与理想轴心受力杆件的屈曲性质相同。图 7.2 也是对称荷载作用的单跨对称刚架,但柱顶可以移动,当荷载达到临界荷载 F_{cr} 时,刚架将产生有侧向位移的反对称弯曲变形(如图 7.2 中虚线所示),若不计几何缺陷,这种失稳仍为分支失稳。

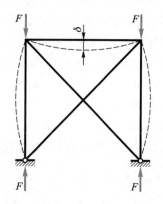

图 7.1 无侧移单层单跨对称刚架

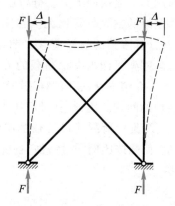

图 7.2 有侧移单层单跨对称刚架

对图 7.3a 无侧移和图 7.3c 有侧移单层双跨刚架,当荷载沿柱轴线作用时,都属于分支失稳;但当荷载直接作用在横梁上(图 7.3b、d)或者有侧移刚架柱顶还作用有水平荷载(图 7.3d)时,由于荷载开始作用就产生弯曲变形 δ 和水平侧移 Δ,属于极值点失稳。

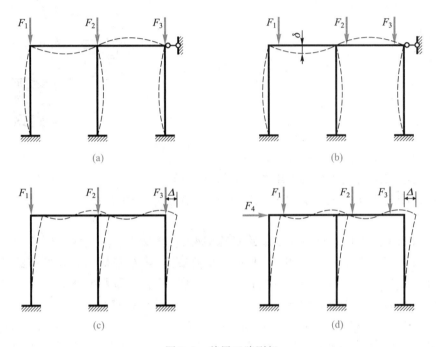

图 7.3   单层双跨刚架

对刚架平面内两类失稳分析后发现,当刚架的构成、荷载作用条件相同时,有侧移刚架的临界荷载比无侧移刚架的小,有侧移失稳形式往往起主要作用。因此,在计算刚架的临界荷载之前,应首先明确刚架柱顶是否可能产生水平位移。求解刚架平面内失稳荷载的方法有平衡法、位移法、矩阵位移法和近似法等,本章只介绍平衡法和位移法两种简单情况。此外,本章只讨论刚架丧失第一类稳定性的问题。因此,在计算中假定:① 变形是微小的,材料为弹性体,杆件无缺陷;② 集中荷载 F 沿柱轴线作用于柱顶,即假定在屈曲前所有杆件中没有弯矩;③ 荷载按比例同时增加,各柱同时丧失稳定;④ 刚架失稳时,不计横梁中的轴力。

7.2　平衡法计算刚架的临界荷载

以图 7.4a 所示柱脚铰接的无侧移单跨单层对称刚架为例,用平衡法求解其临界荷载。将刚架划分为图 7.4b 所示隔离体,柱的受力和变形具有对称性,故只画出左柱和横梁隔离体。左柱的平衡微分方程为

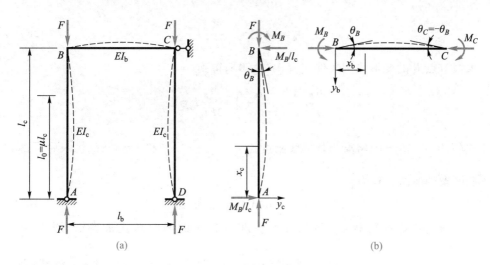

图 7.4　柱脚铰接无侧移刚架

$$y''_c + \alpha^2 y_c = \frac{M_B}{EI_c l_c} x_c \qquad (7.1)$$

式中,$\alpha^2 = F/(EI_c)$,EI_c 为柱平面内抗弯刚度,l_c 为柱高。其通解为

$$y_c = A\sin \alpha x_c + B\cos \alpha x_c + \frac{M_B}{F}\frac{x_c}{l_c} \qquad (7.2)$$

代入柱的边界条件 $y_c(0) = 0$ 和 $y_c(l_c) = 0$,得到 $A = -\dfrac{M_B}{F\sin \alpha l_c}$,$B = 0$,则

$$y_c = \frac{M_B}{F}\left(\frac{x_c}{l_c} - \frac{\sin \alpha x_c}{\sin \alpha l_c}\right) \qquad (7.3)$$

$$\theta_c = y'_c(l_c) = \frac{M_B}{F}\left(\frac{1}{l_c} - \frac{\alpha}{\tan \alpha l_c}\right) \qquad (7.4)$$

由于不计梁中轴力,梁 BC 的平衡方程为

$$EI_b y''_b = M_B \qquad (7.5)$$

其通解为

$$y_b = \frac{M_B}{2EI_b}x_b^2 + Cx_b + D \tag{7.6}$$

代入梁的边界条件 $y_b(0) = 0$ 和 $y_b(l_b) = 0$，得到 $C = -\dfrac{M_B l_b}{2EI_b}, D = 0$，则

$$y_b = \frac{M_B}{2EI_b}(x_b^2 - l_b x_b) \tag{7.7}$$

$$\theta_B = y_b'(0) = -\frac{M_B}{2EI_b}l_b \tag{7.8}$$

根据节点 B 的变形协调条件 $y_c'(l_c) = y_b'(0)$，得到

$$\frac{M_B}{F}\left(\frac{1}{l_c} - \frac{\alpha}{\tan \alpha l_c}\right) + \frac{M_B}{2EI_b}l_b = 0 \tag{7.9}$$

式(7.9)中 $M_B \neq 0$，将梁与柱的线刚度比 $K_1 = \dfrac{I_b/l_b}{I_c/l_c} = \dfrac{I_b l_c}{I_c l_b}$ 和 $F = \alpha^2 EI_c$ 代入后可得到刚架的屈曲方程为

$$2K_1(\tan \alpha l_c - \alpha l_c) + (\alpha l_c)^2 \tan \alpha l_c = 0 \tag{7.10}$$

求出的临界荷载 F_{cr} 可用计算长度系数 μ 的函数形式来表示，即 $F_{cr} = \dfrac{\pi^2 EI_c}{(\mu l_c)^2}$。由于 $\alpha^2 = F_{cr}/(EI_c)$，则 $\alpha l_c = \pi/\mu$。将式(7.10)中的 αl_c 用 π/μ 代替，得

$$2K_1\left(\tan \frac{\pi}{\mu} - \frac{\pi}{\mu}\right) + \left(\frac{\pi}{\mu}\right)^2 \tan\left(\frac{\pi}{\mu}\right) = 0 \tag{7.11}$$

当给出梁与柱的线刚度比 K_1 后，由式(7.11)可解出柱的计算长度系数 μ，从而求得柱的临界荷载 F_{cr}。例如：

（1）当横梁的线刚度接近于零时，$K_1 = 0$。相当于两端铰接，则 $\tan(\pi/\mu) = 0, \mu = 1.0$，有

$$F_{cr} = \frac{\pi^2 EI_c}{l_c^2} = \frac{9.87EI_c}{l_c^2}$$

（2）当横梁的线刚度为无限大时，$K_1 \to \infty$。相当于一端铰接一端固定，则 $\tan \dfrac{\pi}{\mu} - \dfrac{\pi}{\mu} = 0, \mu = 0.699$，有

$$F_{cr} = \frac{\pi^2 EI_c}{(0.699l_c)^2} = \frac{20.2EI_c}{l_c^2}$$

（3）当 $K_1 = 1$ 时，式(7.11)经过试算可得 $\mu = 0.875$，有

$$F_{cr} = \frac{\pi^2 EI_c}{(0.875l_c)^2} = \frac{12.9EI_c}{l_c^2}$$

对于不同的梁与柱的线刚度比 K_1，柱的计算长度系数 μ 的取值范围在 $0.7 \sim 1.0$ 之间。

7.3 考虑轴力效应的转角位移方程

用位移法求解刚架的临界荷载时，应首先确定考虑轴向力效应的转角位移方程。本节分别讨论如何建立无侧移、有侧移弹性压弯杆件的转角位移方程。

7.3.1 无侧移弹性压弯杆件的转角位移方程

图 7.5a 所示为一杆端无侧移的压弯杆件，其弯曲刚度为 EI，变形时，杆端 A 有转角 θ_A、杆端弯矩 M_A，杆端 B 有转角 θ_B、杆端弯矩 M_B。所有转角及杆端弯矩均以顺时针方向为正。下面推导考虑轴压力 F 影响的弯矩和转角位移之间的关系。取图 7.5b 所示隔离体，建立平衡方程为

$$-EIy'' + \frac{M_A + M_B}{l}x = M_A + Fy$$

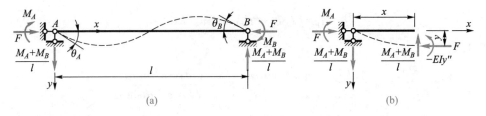

$$\text{(a)} \qquad\qquad\qquad \text{(b)}$$

图 7.5 无侧移压弯杆件

令 $\alpha^2 = F/(EI)$，则平衡方程变为

$$y'' + \alpha^2 y = \frac{M_A + M_B}{EIl}x - \frac{M_A}{EI} \tag{7.12}$$

方程 (7.12) 的通解为

$$y = A\sin \alpha x + B\cos \alpha x + \frac{M_A + M_B}{\alpha^2 EIl}x - \frac{M_A}{\alpha^2 EI} \tag{7.13}$$

代入边界条件 $y(0) = 0$ 和 $y(l) = 0$，得系数

$$A = -\frac{M_A\cos\,\alpha l + M_B}{\alpha^2 EI\sin\,\alpha l} \text{ 和 } B = \frac{M_A}{\alpha^2 EI}$$

将系数 A 和 B 分别代入通解式(7.13),可以得到杆件的挠曲线方程为

$$y = -\frac{M_A\cos\,\alpha l + M_B}{\alpha^2 EI\sin\,\alpha l}\sin\,\alpha x + \frac{M_A}{\alpha^2 EI}\cos\,\alpha x + \frac{M_A + M_B}{\alpha^2 EIl}x - \frac{M_A}{\alpha^2 EI} \tag{7.14}$$

相应的一阶导数为

$$y' = -\frac{M_A\cos\,\alpha l + M_B}{\alpha EI\sin\,\alpha l}\cos\,\alpha x - \frac{M_A}{\alpha EI}\sin\,\alpha x + \frac{M_A + M_B}{\alpha EIl} \tag{7.15}$$

因此,杆件两端转角分别是

$$\theta_A = y'(0) = \frac{l}{EI}\left[\frac{\sin\,\alpha l - \alpha l\cos\,\alpha l}{(\alpha l)^2\sin\,\alpha l}\right]M_A + \frac{l}{EI}\left[\frac{\sin\,\alpha l - \alpha l}{(\alpha l)^2\sin\,\alpha l}\right]M_B \tag{7.16}$$

$$\theta_B = y'(l) = \frac{l}{EI}\left[\frac{\sin\,\alpha l - \alpha l}{(\alpha l)^2\sin\,\alpha l}\right]M_A + \frac{l}{EI}\left[\frac{\sin\,\alpha l - \alpha l\cos\,\alpha l}{(\alpha l)^2\sin\,\alpha l}\right]M_B \tag{7.17}$$

联立式(7.16)和式(7.17),以 M_A、M_B 为未知量可以得到压弯杆件的转角位移方程为

$$M_A = K(C\theta_A + S\theta_B) = KC\theta_A + KS\theta_B \tag{7.18}$$

$$M_B = K(S\theta_A + C\theta_B) = KS\theta_A + KC\theta_B \tag{7.19}$$

其中

$$C = \frac{\alpha l\sin\,\alpha l - (\alpha l)^2\cos\,\alpha l}{2 - 2\cos\,\alpha l - \alpha l\sin\,\alpha l},\ S = \frac{(\alpha l)^2 - \alpha l\sin\,\alpha l}{2 - 2\cos\,\alpha l - \alpha l\sin\,\alpha l} \tag{7.20}$$

由式(7.18)和式(7.19)可知,当远端固定(转角为零),使近端转动单位转角时的近端弯矩就是抗弯刚度。因此,在式(7.18)~式(7.20)中,KC 和 KS 称为抗弯刚度,C 和 S 称为抗弯刚度系数。$K = EI/l$,称为杆件的线刚度。

从式(7.20)可以看出,C 和 S 均是 αl 的函数。根据 $\alpha^2 = F/(EI)$,则 $\alpha l = \pi\sqrt{F/F_E}$,$F_E = \pi^2 EI/l^2$ 为欧拉临界力。当给定 αl 后,可以得到 C 和 S,进而得到杆端弯矩 M_A 和 M_B。为计算方便,将它们之间的函数关系列成表 7.1 便于查用。

表 7.1 抗弯刚度系数 C 和 S

αl	C	S	αl	C	S
0.000 0	4.000 0	2.000 0	1.750 0	3.574 1	2.112 7
0.050 0	3.999 7	2.000 1	1.800 0	3.548 8	2.119 9
0.100 0	3.998 7	2.000 3	1.850 0	3.521 6	2.127 5
0.150 0	3.997 0	2.000 8	1.900 0	3.494 0	2.135 3
0.200 0	3.994 7	2.001 3	1.950 0	3.465 5	2.143 4
0.250 0	3.991 7	2.002 1	2.000 0	3.436 1	2.151 9
0.300 0	3.987 6	2.002 8	2.050 0	3.405 8	2.160 7
0.350 0	3.983 3	2.003 9	2.100 0	3.374 5	2.169 9
0.400 0	3.978 6	2.005 4	2.150 0	3.342 2	2.179 4
0.450 0	3.972 9	2.006 8	2.200 0	3.309 0	2.189 3
0.500 0	3.966 5	2.008 4	2.250 0	3.274 8	2.199 6
0.550 0	3.959 5	2.010 2	2.300 0	3.239 5	2.210 2
0.600 0	3.951 7	2.012 1	2.350 0	3.203 2	2.221 3
0.650 0	3.943 3	2.014 3	2.400 0	3.165 9	2.232 8
0.700 0	3.934 2	2.016 6	2.450 0	3.127 4	2.244 7
0.750 0	3.924 4	2.019 1	2.500 0	3.087 8	2.257 2
0.800 0	3.913 9	2.021 8	2.550 0	3.047 1	2.270 1
0.850 0	3.902 7	2.024 6	2.600 0	3.005 2	2.283 4
0.900 0	3.890 8	2.027 7	2.650 0	2.962 2	2.297 4
0.950 0	3.878 2	2.030 9	2.700 0	2.917 9	2.311 8
1.000 0	3.864 9	2.034 4	2.750 0	2.872 3	2.326 8
1.050 0	3.850 8	2.038 0	2.800 0	2.825 4	2.342 5
1.100 0	3.836 0	2.041 9	2.850 0	2.777 2	2.358 7
1.150 0	3.820 5	2.046 0	2.900 0	2.727 6	2.375 6
1.200 0	3.804 3	2.050 2	2.950 0	2.676 6	2.393 2
1.250 0	3.787 3	2.054 7	3.000 0	2.624 2	2.411 5
1.300 0	3.769 5	2.059 4	3.050 0	2.570 3	2.430 5
1.350 0	3.751 0	2.064 4	3.100 0	2.514 8	2.450 3
1.400 0	3.731 7	2.069 5	3.150 0	2.457 7	2.470 9
1.450 0	3.711 6	2.074 9	3.200 0	2.399 0	2.492 4
1.500 0	3.690 7	2.080 6	3.250 0	2.338 5	2.514 8
1.550 0	3.669 0	2.086 5	3.300 0	2.276 3	2.538 2
1.600 0	3.646 6	2.092 6	3.350 0	2.212 2	2.562 6
1.650 0	3.623 3	2.099 0	3.400 0	2.146 3	2.588 0
1.700 0	3.599 1	2.105 7	3.450 0	2.078 3	2.614 6

续表

αl	C	S	αl	C	S
3.500 0	2.008 3	2.642 4	4.950 0	−1.668 5	4.623 5
3.550 0	1.936 2	2.671 4	5.000 0	−1.908 7	4.784 5
3.600 0	1.861 8	2.701 7	5.050 0	−2.165 1	4.959 9
3.650 0	1.785 1	2.733 5	5.100 0	−2.439 4	5.151 4
3.700 0	1.706 0	2.766 8	5.150 0	−2.734 1	5.361 3
3.750 0	1.624 3	2.801 6	5.200 0	−3.051 6	5.592 1
3.800 0	1.540 0	2.838 2	5.250 0	−3.395 3	5.847 0
3.850 0	1.452 8	2.876 5	5.300 0	−3.768 9	6.129 7
3.900 0	1.362 7	2.916 8	5.350 0	−4.177 0	6.444 7
3.950 0	1.269 6	2.959 2	5.400 0	−4.625 4	6.797 7
4.000 0	1.173 1	3.003 7	5.450 0	5.121 0	7.195 7
4.050 0	1.073 3	3.050 7	5.500 0	−5.672 7	7.647 2
4.100 0	0.969 8	3.100 1	5.550 0	−6.291 6	8.163 5
4.150 0	0.862 4	3.152 3	5.600 0	−6.992 3	8.758 9
4.200 0	0.751 0	3.207 4	5.650 0	−7.793 7	9.452 4
4.250 0	0.635 3	3.265 6	5.700 0	−8.721 5	10.269 3
4.300 0	0.514 9	3.327 3	5.750 0	−9.810 6	11.244 7
4.350 0	0.389 7	3.392 6	5.800 0	−11.110 7	12.427 9
4.400 0	0.259 2	3.461 9	5.850 0	−12.694 3	13.891 5
4.450 0	0.123 1	3.535 6	5.900 0	−14.671 7	15.745 5
4.500 0	−0.019 1	3.614 0	5.950 0	−17.219 2	18.166 2
4.550 0	−0.167 8	3.697 5	6.000 0	−20.637 9	21.454 4
4.600 0	−0.323 4	3.786 6	6.050 0	−25.486 8	26.169 0
4.650 0	−0.486 7	3.881 9	6.100 0	−32.935 5	33.479 4
4.700 0	−0.658 2	3.983 9	6.150 0	−45.909 2	46.310 6
4.750 0	−0.838 7	4.093 4	6.200 0	−74.367 1	74.621 7
4.800 0	−1.028 9	4.211 2	6.250 0	−188.300 1	188.403 2
4.850 0	−1.229 9	4.338 1	2π	$-\infty$	∞
4.900 0	−1.442 7	4.475 1	6.500 0	29.499 9	−30.231 8

7.3.2 有侧移弹性压弯杆件的转角位移方程

图 7.6 为具有相对侧移 Δ 的压弯杆件,杆件转动 Δ/l 也以顺时针方向为正,其转角位移关系仍然可以采用式(7.18)、式(7.19),只需将式中 θ_A、θ_B 分别用 $(\theta_A-\Delta/l)$、$(\theta_B-\Delta/l)$ 替代即可。于是,有侧移弹性压弯杆件的转角位移方程为

$$M_A = K\left[C\theta_A + S\theta_B - (C+S)\frac{\Delta}{l} \right] = KC\theta_A + KS\theta_B - (KC+KS)\frac{\Delta}{l} \qquad (7.21)$$

$$M_B = K\left[S\theta_A + C\theta_B - (C+S)\frac{\Delta}{l} \right] = KS\theta_A + KC\theta_B - (KC+KS)\frac{\Delta}{l} \qquad (7.22)$$

式中,抗弯刚度系数 C 和 S 表达式为式(7.20)。

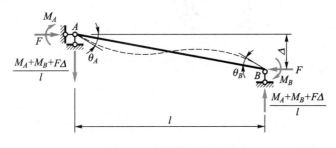

图 7.6 有侧移压弯杆件

7.4 用位移法计算刚架的临界荷载

图 7.7a 所示柱脚铰接的单层单跨无侧向支承刚架,承受柱顶集中荷载作用,当荷载达到临界值时,刚架失稳。此时,柱顶可能发生侧移而形成反对称屈曲变形,并在新的变形状态下维持平衡。用位移法求解其临界荷载时,应采用考虑轴向力效应的转角位移方程来推导刚架的稳定方程。

将刚架分解成图 7.7b 所示隔离体,柱侧移角 $\varphi = \Delta/l_c$,左柱的线刚度为 $K_c = EI_c/l_c$,横梁线刚度为 $K_b = EI_b/l_b$。根据式(7.21),并注意柱脚铰接,其杆端弯矩为零,得左柱下端的转角位移方程为

$$M_{AB} = K_c[C\theta_A + S\theta_B - (C+S)\varphi] = 0 \qquad (7.23)$$

由上式可得

$$\theta_A = -\frac{S}{C}\theta_B + \left(1+\frac{S}{C}\right)\varphi \qquad (7.24)$$

根据式(7.22),将式(7.24)代入,得左柱上端的转角位移方程为

$$M_{BA} = K_c\left[\left(C-\frac{S^2}{C}\right)\theta_B - \left(C-\frac{S^2}{C}\right)\varphi \right] \qquad (7.25)$$

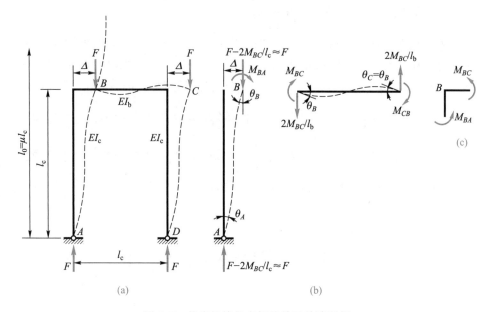

图 7.7 柱脚铰接的有侧移单层单跨刚架

在图 7.7b 中,根据左柱的平衡条件

$$M_{BA} = F\Delta = -F\varphi l_c \tag{7.26}$$

令式(7.25)与式(7.26)相等,得

$$K_c \left[\left(C - \frac{S^2}{C} \right) \theta_B - \left(C - \frac{S^2}{C} \right) \varphi \right] + F\varphi l_c = 0 \tag{7.27}$$

将 $F = \alpha^2 EI_c$,$K_c = EI_c/l_c$ 代入上式,得

$$\left(C - \frac{S^2}{C} \right) \theta_B - \left[C - \frac{S^2}{C} - (\alpha l_c)^2 \right] \varphi = 0 \tag{7.28}$$

忽略横梁轴力的影响,横梁的转角位移方程为

$$M_{BC} = K_b(4\theta_B + 2\theta_C) = 6K_b\theta_B \tag{7.29}$$

由图 7.7c 所示节点 B 的力矩平衡条件

$$M_{BA} + M_{BC} = 0 \tag{7.30}$$

得到

$$K_c \left[\left(C - \frac{S^2}{C} \right) \theta_B - \left(C - \frac{S^2}{C} \right) \varphi \right] + 6K_b\theta_B = 0 \tag{7.31}$$

令 $K_1 = K_b/K_c = I_b l_c/(I_c l_b)$ 为梁柱线刚度比,代入上式,得

$$\left(C - \frac{S^2}{C} + 6K_1 \right) \theta_B - \left(C - \frac{S^2}{C} \right) \varphi = 0 \tag{7.32}$$

式(7.28)和式(7.32)是关于转角 θ_B 和 φ 的两个独立方程,将二者联立,由于 θ_B 和 φ 不同时为零,所以刚架的稳定方程为

$$\begin{vmatrix} C-S^2/C & -[C-S^2/C-(\alpha l_c)^2] \\ C-S^2/C+6K_1 & -(C-S^2/C) \end{vmatrix} = 0 \qquad (7.33)$$

或

$$\left(C-\frac{S^2}{C}\right)[(\alpha l_c)^2-6K_1]+6K_1(\alpha l_c)^2 = 0 \qquad (7.34)$$

给定梁柱线刚度比 K_1 后,根据表 7.1 的对应关系,通过试算得到 αl_c,再算出计算长度系数 $\mu = \pi/(\alpha l_c)$,代入 $F_{cr} = \pi^2 EI_c/(\mu l_c)^2$ 就可得到临界荷载。

也可以将 C 和 S 的表达式(7.20)和 $\mu = \pi/(\alpha l_c)$ 直接代入式(7.34),得到刚架稳定方程的另一种形式

$$(\pi/\mu)\tan(\pi/\mu)-6K_1 = 0 \qquad (7.35)$$

当给定梁柱线刚度比 K_1 后,可直接由上式解出柱的计算长度系数 μ。

下面根据式(7.34),来讨论几种特殊情况。

(1) 当 $K_1 = \infty$(横梁刚度无穷大)时,由式(7.34)知 $C-S^2/C-(\alpha l_c)^2 = 0$,此时 $\alpha l_c = \pi/2$,则 $\mu = \pi/(\alpha l_c) = 2$,$F_{cr} = \pi^2 EI_c/(\mu l_c)^2 = 2.467EI_c/l_c^2$。相当于一端铰接,另一端可以移动但不能转动的轴心受压杆件的屈曲荷载。

(2) 当 $K_1 = 0$(横梁刚度无穷小)时,式(7.34)变为 $(\alpha l_c)^2(C^2-S^2) = 0$,符合条件的解有三个:当 $\alpha l_c = 0$ 时,$F_{cr} = 0$;当 $C = S$ 时,$\alpha l_c = \pi$,$F_{cr} = \pi^2 EI_c/l_c^2$;当 $C = -S$ 时,$\alpha l_c = 2\pi$,$F_{cr} = 4\pi^2 EI_c/l_c^2$。显然,临界荷载应取最小值 $F_{cr} = 0$(相当于计算长度系数趋于 ∞),说明当 $K_1 = 0$ 时,此刚架为一不稳定的结构。

(3) 当 $K_1 = 1$(横梁与柱的刚度相同)时,式(7.34)为 $[(\alpha l_c)^2-6](C-S^2/C)+6(\alpha l_c)^2 = 0$,试算后得到 $\alpha l_c = 1.35$,$\mu = \pi/(\alpha l_c) = 2.327$,则 $F_{cr} = 1.823EI_c/l_c^2$。

显然,对于不同的梁柱线刚度比 K_1,柱的计算长度系数 $\mu \geq 2$,或者说介于 $2 \sim \infty$ 之间。

7.5　单层刚架柱的计算长度系数

上文研究了柱脚铰接的单层单跨等截面刚架的稳定问题。当刚架发生无侧移对称失稳时,柱的计算长度系数 μ 的取值范围在 $0.7 \sim 1.0$ 之间;当刚架发生有侧移反对称失稳时,柱的计算长度系数 μ 的取值范围介于 $2 \sim \infty$ 之间。刚架柱的计算长度系数 μ 取决于横梁的约束作用,即取决于梁柱线刚度比 K_1。因此,对不同的梁柱线刚度比 K_1,可以根据稳定方程计算出相应的柱计算长度系数 μ,如图 7.8 所示。对于柱脚刚接的单层单跨等截面刚架,也可以按照 7.2 节和

7.4 节类似的方法求出柱的计算长度系数,计算结果如图 7.8 所示。为方便设计应用,下文列出了计算长度系数 μ 的数值,同时给出了图 7.8 所示曲线的近似计算公式,见表 7.2。

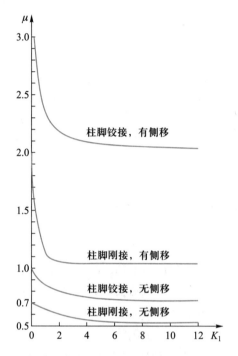

图 7.8 单层单跨等截面刚架柱的计算长度系数 μ

表 7.2 单层刚架柱的计算长度系数

刚架类型	柱脚连接方式	梁柱线刚度比 K_1							近似计算公式
		≥20	10	5	1.0	0.5	0.1	0	
无侧移	铰接	0.700	0.732	0.760	0.875	0.922	0.981	1.000	$\mu=\dfrac{1.4K_1+3}{2K_1+3}$
	刚接	0.500	0.524	0.546	0.626	0.656	0.689	0.700	$\mu=\dfrac{K_1+2.188}{2K_1+3.125}$
有侧移	铰接	2.000	2.030	2.070	2.330	2.640	4.440	∞	$\mu=2\sqrt{1+0.38/K_1}$
	刚接	1.000	1.020	1.030	1.160	1.280	1.670	2.000	$\mu=\sqrt{\dfrac{K_1+0.532}{K_1+0.133}}$

习　　题

7.1　试用位移法求图示刚架临界荷载的特征方程。已知图中 $i_2 = \infty$ 。

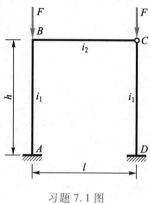

习题 7.1 图

7.2　试求图示刚架的最不利临界荷载,已知 $h = l$。若 BE 杆与两立柱铰接,其临界荷载又是多少?

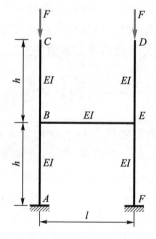

习题 7.2 图

第 7 章
习题答案

第 **8** 章
拱的平面内屈曲

第 8 章
教学课件

8.1 引言

拱在横向荷载作用下,当荷载达到某一临界值时,可能在荷载作用平面内发生弯曲屈曲,也可能发生弯扭屈曲。在一般情况下,拱的内力主要是轴向压力,同时也存在弯矩和剪力。当拱轴线为合理拱轴线时,三铰拱中只存在轴压力。在超静定拱中,当不考虑轴向变形时,也只有轴压力。

拱的稳定问题比较复杂。在只有轴压力的情况下,拱的稳定性与拱轴线的形状和矢跨比有关,同时与约束情况、截面沿拱轴线变化情况等因素有关。当拱中除了轴压力外,还存在弯矩和剪力时,情况就更加复杂。本章只讨论在均布法向荷载作用下,等截面圆拱的平面内弯曲屈曲这类较为简单的情况。

8.2 圆形轴线曲杆平面内弯曲的基本方程

在半径为 R 的等截面圆形轴线曲杆上取长度为 ds 的微段(图 8.1a),变形前的位置为 AB,变形后为 A_3B_3。微段 ds 从 AB 变形到 A_3B_3 的过程可分为两步,即切线方向位移(图 8.1b)和法线方向位移(图 8.1c)。假设微段 ds 上 A 点的切线方向位移为 u,法线方向位移为 ω,则 B 点切线方向位移为 $u+du$,法线方向位移为 $\omega+d\omega$。因为变形是微小的,微段的总变形可用叠加法进行计算,即微段的总变形由切线方向位移与法线方向位移两部分叠加而成。

由于切线方向位移 u 产生的正应变为

$$\varepsilon_1 = \frac{du}{ds}$$

相应地,引起截面 A 的转角变化为

$$\varphi_1 = \frac{u}{R}$$

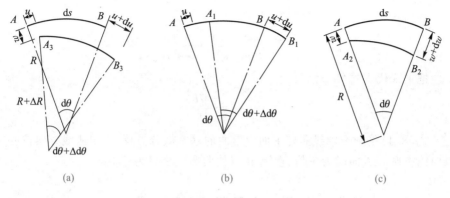

图 8.1　圆形轴线曲杆的位移

由于法线方向位移 w 产生的正应变为

$$\varepsilon_2 = \frac{(R-w)\,\mathrm{d}\theta - \mathrm{d}s}{\mathrm{d}s}$$

注意到曲率 $\dfrac{1}{R} = \dfrac{\mathrm{d}\theta}{\mathrm{d}s}$，则

$$\varepsilon_2 = -\frac{w}{R}$$

相应地，引起截面 A 的转角变化为

$$\varphi_2 = \frac{(w+\mathrm{d}w) - w}{\mathrm{d}s} = \frac{\mathrm{d}w}{\mathrm{d}s}$$

正应变以伸长为正，转角以顺时针转动方向为正。在拱的稳定计算中，通常认为轴向应变可以忽略不计，即假定 $\varepsilon = \varepsilon_1 + \varepsilon_2 = 0$。则总应变

$$\varepsilon = \frac{\mathrm{d}u}{\mathrm{d}s} - \frac{w}{R} = 0 \tag{8.1a}$$

注意到曲率 $\dfrac{1}{R} = \dfrac{\mathrm{d}\theta}{\mathrm{d}s}$，式（8.1a）可写成

$$w = \frac{\mathrm{d}u}{\mathrm{d}\theta} \tag{8.1b}$$

截面 A 的转角为

$$\varphi = \varphi_1 + \varphi_2 = \frac{u}{R} + \frac{\mathrm{d}w}{\mathrm{d}s} = \frac{1}{R}\left(u + \frac{\mathrm{d}w}{\mathrm{d}\theta}\right) \tag{8.2}$$

一般直径较大的圆形轴线曲杆，曲率比较小，而且截面高度与曲率半径相比也比较小，可以忽略曲率的影响，认为曲率的改变量与弯矩的关系为

$$EI\,\frac{\mathrm{d}\varphi}{\mathrm{d}s} = -M \tag{8.3}$$

根据式(8.2),并考虑式(8.1b)所示关系,得

$$\frac{\mathrm{d}\varphi}{\mathrm{d}s} = \frac{\mathrm{d}\varphi}{R\mathrm{d}\theta} = \frac{1}{R^2}\left(w + \frac{\mathrm{d}^2 w}{\mathrm{d}\theta^2}\right)$$

把上式代入式(8.3),得

$$\frac{\mathrm{d}^2 w}{\mathrm{d}\theta^2} + w = -\frac{MR^2}{EI} \tag{8.4}$$

式(8.4)是圆形轴线曲杆平面内弯曲的基本微分方程,式中法线方向位移 w 以向曲杆圆心方向时为正值,弯矩 M 以使曲率减小时为正值。

8.3　圆拱在均布法向荷载作用下的平面内屈曲

圆拱承受法向荷载 q(静水压力)时,失稳前只承受轴向压力,而弯矩和剪力均为零。在曲杆上取长度为 $\mathrm{d}s$ 的微段(图 8.2),由平衡条件可知,拱内轴压力为

$$F = qR \tag{8.5}$$

当荷载 q 加大到某一临界值时,拱将发生弯曲平面内屈曲。屈曲后,拱截面上除产生轴压力 $F = qR$ 外,还将产生弯矩和剪力。

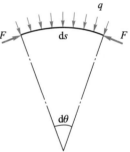

图 8.2　拱上微段

下面研究等截面两铰圆拱。图 8.3a 为反对称屈曲时的平衡位移,拱顶无竖向位移,在拱顶处出现反弯点。图 8.3b 为对称屈曲时的平衡位移,拱顶有竖向位移,拱轴线上将对称出现两个反弯点。计算结果表明,双铰拱对称屈曲时的临界荷载远大于反对称屈曲时的临界荷载。因此,下面只讨论起拱作用的反对称屈曲情况。

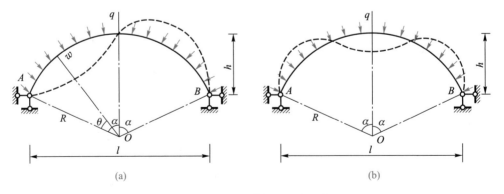

(a)　　　　　　　　　　　　　　　　(b)

图 8.3　两铰圆拱的平面内屈曲

假设反对称屈曲时的变形如图 8.3a 中的虚线所示,取其左半部分隔离体(图 8.4),并对 O 点求矩,建立平衡方程,得

$$M+qR(R-w)=qR^2$$

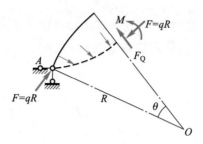

图 8.4 隔离体

即

$$M=qRw \qquad (8.6)$$

将式(8.6)代入式(8.4),得到屈曲时的平衡方程为

$$\frac{\mathrm{d}^2 w}{\mathrm{d}\theta^2}+w=-\frac{qwR^2}{EI} \qquad (8.7)$$

令

$$1+\frac{qR^2}{EI}=k^2 \qquad (8.8)$$

则式(8.7)可写为

$$\frac{\mathrm{d}^2 w}{\mathrm{d}\theta^2}+k^2 w=0 \qquad (8.9)$$

其通解为

$$w=A\sin k\theta+B\cos k\theta$$

由边界条件 $\theta=0$ 时,$w=0$,得 $B=0$。

由边界条件 $\theta=2\alpha$ 时,$w=0$,并考虑系数 A 与 B 不可能同时为零,即 $A\neq0$,得到 $\sin 2k\alpha=0$。

$2k\alpha$ 的最小根为 2π,于是得 $k=\dfrac{\pi}{\alpha}$。将其代入式(8.8)中,得临界荷载为

$$q_{\mathrm{cr}}=\frac{EI}{R^3}\left(\frac{\pi^2}{\alpha^2}-1\right) \qquad (8.10)$$

临界轴向压力为

$$F_{\mathrm{cr}}=q_{\mathrm{cr}}R=\frac{EI}{R^2}\left(\frac{\pi^2}{\alpha^2}-1\right) \qquad (8.11)$$

当 α 角较小时, $\dfrac{\pi^2}{\alpha^2} \gg 1$, 式(8.11)可近似地写为

$$F_{cr} \approx \frac{\pi^2 EI}{(\alpha R)^2} = \frac{\pi^2 EI}{S^2} \tag{8.12}$$

式中 $S = \alpha R$ 为拱轴总长度的一半, 说明等截面两铰圆拱在均布法向荷载作用下的临界轴压力近似等于长度为拱轴长度的两端铰支的轴压直杆临界压力的 4 倍。

习   题

8.1   试求等截面无铰圆拱均布法向荷载作用下的平面内弯曲临界荷载。

第 8 章
习题答案

第 **9** 章

薄板的屈曲

第9章
教学课件

9.1 引言

钢结构梁、柱等构件,通常都由板件组合而成,为了节省材料,板件通常宽而薄。这些平面尺寸很大、厚度又相对薄(宽厚比较大)的板件,通常承受压应力或剪应力。当压应力或剪应力达到某一临界值时,板件不能继续维持平面平衡状态而发生波状鼓曲变形,这种现象称为板件丧失局部稳定或局部屈曲。发生局部屈曲的构件还可能继续保持整体稳定而不立即破坏,但因为有部分板件屈曲后退出工作,构件的承载力会降低,甚至可能使原来的对称截面变为不对称截面,从而改变原来构件的受力状态导致构件较早地丧失承载

动画:两端铰接
轴心受压杆件
的局部失稳

能力。因此,设计中一般不应使板件容易发生局部屈曲,对板件的局部屈曲问题进行研究显得尤为重要。

板根据其厚度分为厚板、薄板和薄膜三种。设板的最小宽度为 b,厚度为 t。当 $t/b>(1/5 \sim 1/8)$ 时称为厚板,这时横向剪力引起的剪切变形与弯曲变形大小同阶,分析时不能忽略剪切变形的影响。当 $(1/80 \sim 1/100)<t/b<(1/5 \sim 1/8)$ 时称为薄板,此时横向剪力引起的剪切变形与弯曲变形相比可以忽略不计。当板极薄,$t/b<(1/80 \sim 1/100)$ 时,称为薄膜,薄膜没有抗弯刚度,靠薄膜拉力与横向荷载平衡。本章只介绍薄板的弹性屈曲理论问题。

9.2 薄板屈曲的小挠度理论

9.2.1 采用小挠度理论的三个假定

等厚度薄板的坐标系如图 9.1a 所示,平分板的厚度且与板的两个面平行的平面称为中面,即 Oxy 平面为板的中面。从板中任取一微元体 $dxdydz$,每一

个面上的正应力和剪应力如图 9.1b 所示,正应力分别用 σ_x、σ_y、σ_z 表示,脚标表示作用面的法线方向;剪应力 τ 有两个脚标,第一个脚标表示作用面的法线方向,第二个脚标表示剪应力的作用方向。板中面内在 x、y、z 三个方向的位移分别用 u、v、w 表示。本章只讨论薄板的小挠度理论,薄板虽然很薄,但仍然有相当的弯曲刚度,使其挠度远小于薄板厚度,所以薄板弯曲时不会在中面产生薄膜力。如果薄板的弯曲刚度很小,以至于挠度与厚度属于同阶大小,则需建立大挠度弯曲理论。薄板的小挠度弯曲理论是以下面三个计算假定为基础的。

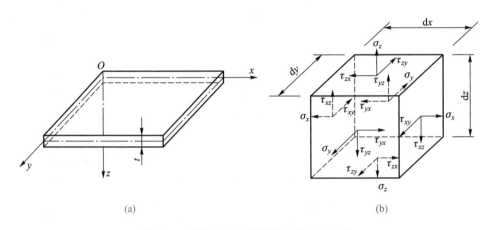

(a)   (b)

图 9.1　薄板的坐标系及微元体上的应力

(1) 垂直于中面方向的正应变 ε_z 极微小,可以忽略。取 $\varepsilon_z = 0$,由几何方程得 $\varepsilon_z = \dfrac{\partial w}{\partial z} = 0$,因此

$$w = w(x,y) \tag{9.1}$$

上式说明板的任何一点的挠度 w 只与坐标 x 和 y 有关,即在中面的任何一根法线上,薄板全厚度内的所有点具有相同的挠度。

(2) 薄板弯曲时,中面内各点不产生平行于中面的位移,即

$$u(z=0) = 0, \quad v(z=0) = 0 \tag{9.2}$$

根据几何方程

$$\varepsilon_x = \frac{\partial u}{\partial x}, \quad \varepsilon_y = \frac{\partial v}{\partial y}, \quad \gamma_{xy} = \frac{\partial v}{\partial x} + \frac{\partial u}{\partial y}$$

板在中面上也不产生应变,即

$$\varepsilon_x \big|_{z=0} = 0, \quad \varepsilon_y \big|_{z=0} = 0, \quad \gamma_{xy} \big|_{z=0} = 0 \tag{9.3}$$

这说明中面的任意一部分,虽然弯曲成为弹性曲面的一部分,但它在 Oxy 平面上的投影形状保持不变。薄板在弯曲时,中面是一个中性层。

（3）应力分量 σ_z、τ_{zx} 和 τ_{zy} 远小于其余三个应力分量 σ_x、σ_y 和 τ_{xy}，可看作是次要的，它们产生的应变可以忽略不计（注意：它们本身对维持平衡是必须的，不能忽略）。

因为不计 τ_{zx} 和 τ_{zy} 产生的剪应变 γ_{zx} 和 γ_{zy}，根据几何方程

$$\gamma_{zx} = \frac{\partial w}{\partial x} + \frac{\partial u}{\partial z} = 0$$

$$\gamma_{zy} = \frac{\partial w}{\partial y} + \frac{\partial v}{\partial z} = 0$$

从而得

$$\frac{\partial u}{\partial z} = -\frac{\partial w}{\partial x}, \quad \frac{\partial v}{\partial z} = -\frac{\partial w}{\partial y} \tag{9.4}$$

积分后有

$$u = -\int \frac{\partial w}{\partial x}\mathrm{d}z + f_1 = -z\frac{\partial w}{\partial x} + f_1 \tag{9.5}$$

$$v = -\int \frac{\partial w}{\partial y}\mathrm{d}z + f_2 = -z\frac{\partial w}{\partial y} + f_2 \tag{9.6}$$

式中 f_1、f_2 为待定函数。由于板变形产生的挠度很小，可以忽略板中面内各点的位移[见第（2）条假定]，即 $u(z=0)=0$，$v(z=0)=0$，代入式（9.5）和式（9.6）可得 $f_1=f_2=0$，则式（9.5）和式（9.6）变为

$$u = -z\frac{\partial w}{\partial x} \tag{9.7}$$

$$v = -z\frac{\partial w}{\partial y} \tag{9.8}$$

垂直于中面的法向应力，对于应力和变形的影响很小，可以忽略。因为不计 σ_z 引起的正应变，物理方程将得到简化，但却仍然保持了计算上的精度。在物理方程中去掉 σ_z 这一项，简化为

$$\varepsilon_x = \frac{1}{E}(\sigma_x - \mu\sigma_y) \tag{9.9a}$$

$$\varepsilon_y = \frac{1}{E}(\sigma_y - \mu\sigma_x) \tag{9.9b}$$

$$\gamma_{xy} = \frac{2(1+\mu)}{E}\tau_{xy} \tag{9.9c}$$

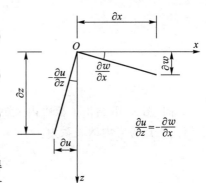

式中，μ 为泊松比；E 为弹性模量。

补充一点，由于 $\gamma_{zx} = \gamma_{zy} = 0$，从而可得到式（9.4），这说明板在变形前垂直于中面的法线，在变形后仍然是弹性曲面的法线

图 9.2 板的法线垂直于中面

（图 9.2）。又由于 $\varepsilon_z = 0$，中面的法线在薄板弯曲时保持不伸缩。

根据上述假定，薄板弯曲问题可简化为平面应力问题，其变形特征可用线性偏微分方程来描述，因此称为线性理论。

9.2.2　薄板的力矩位移方程——物理条件与几何条件

下面将先根据物理条件（应力-应变关系）和几何条件（应变-位移关系），建立应力-位移关系，再根据微元体的平衡关系得到力矩-应力关系，最后得到力矩-位移方程。

将式（9.9）对 σ_x 和 σ_y 求解，式（9.9）可写为如下应力-应变关系

$$\sigma_x = \frac{E}{1-\mu^2}(\varepsilon_x + \mu\varepsilon_y) \tag{9.10a}$$

$$\sigma_y = \frac{E}{1-\mu^2}(\varepsilon_y + \mu\varepsilon_x) \tag{9.10b}$$

$$\tau_{xy} = \frac{E}{2(1+\mu)}\gamma_{xy} \tag{9.10c}$$

由几何关系式（9.7）和式（9.8），得到应变-位移关系为

$$\varepsilon_x = \frac{\partial u}{\partial x} = -z\frac{\partial^2 w}{\partial x^2} \tag{9.11a}$$

$$\varepsilon_y = \frac{\partial v}{\partial y} = -z\frac{\partial^2 w}{\partial y^2} \tag{9.11b}$$

$$\gamma_{xy} = \gamma_{yx} = \frac{\partial u}{\partial y} + \frac{\partial v}{\partial x} = -2z\frac{\partial^2 w}{\partial x\partial y} \tag{9.11c}$$

将式（9.11）代入式（9.10），得到应力-位移关系为

$$\sigma_x = -\frac{Ez}{1-\mu^2}\left(\frac{\partial^2 w}{\partial x^2} + \mu\frac{\partial^2 w}{\partial y^2}\right) \tag{9.12a}$$

$$\sigma_y = -\frac{Ez}{1-\mu^2}\left(\frac{\partial^2 w}{\partial y^2} + \mu\frac{\partial^2 w}{\partial x^2}\right) \tag{9.12b}$$

$$\tau_{xy} = \tau_{yx} = -\frac{E}{(1+\mu)}\frac{\partial^2 w}{\partial x\partial y} \tag{9.12c}$$

图 9.3a 给出了板中任一微元 $dxdy$ 中正应力 σ_x、σ_y 及剪应力 τ_{xy}、τ_{yx}、τ_{xz}、τ_{yz} 的正方向，图 9.3b 给出了板中内力矩 M_x、M_y、M_{xy}、M_{yx} 的正方向。根据微元体平衡条件，力矩与应力的关系为

$$M_x = \int_{-t/2}^{t/2}\sigma_x z\,dz \tag{9.13a}$$

$$M_y = \int_{-t/2}^{t/2}\sigma_y z\,dz \tag{9.13b}$$

$$M_{xy} = M_{yx} = \int_{-t/2}^{t/2} \tau_{xy} z \mathrm{d}z \qquad (9.13\mathrm{c})$$

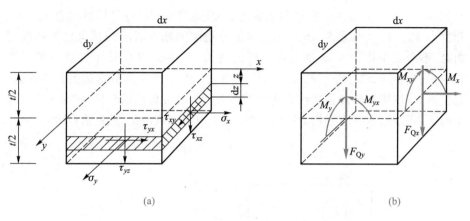

(a)　　　　　　　　　　　　　　　　　　(b)

图 9.3　薄板微元体上的应力与内力矩

将式(9.12)代入式(9.13),积分后得到力矩–位移方程为

$$M_x = -D\left(\frac{\partial^2 w}{\partial x^2} + \mu \frac{\partial^2 w}{\partial y^2}\right) \qquad (9.14\mathrm{a})$$

$$M_y = -D\left(\frac{\partial^2 w}{\partial y^2} + \mu \frac{\partial^2 w}{\partial x^2}\right) \qquad (9.14\mathrm{b})$$

$$M_{xy} = M_{yx} = -D(1-\mu)\frac{\partial^2 w}{\partial x \partial y} \qquad (9.14\mathrm{c})$$

式中 $D = \dfrac{Et^3}{12(1-\mu^2)}$ 为薄板的抗弯刚度;M_x、M_y 为单位板宽上的弯矩;M_{xy} 和 M_{yx} 为单位板宽上的扭矩,其量纲与力的量纲相同。

9.2.3　薄板屈曲的平衡微分方程

　　在中面荷载作用下的薄板,当中面荷载达到临界荷载时,薄板将屈曲。为了确定其临界荷载,需在薄板微弯曲的中性平衡状态建立平衡方程式。如前所述,由于是小挠度问题,其变形特征可用线性偏微分方程来描述,由此建立的理论属于线性理论,也称小挠度理论。

　　薄板的屈曲问题可用位移法求解,其挠度 w 为基本未知函数。根据几何方程、物理方程和力的平衡关系,将其他物理量都用 w 表示,就可以建立小挠度理论板的弹性曲面微分方程。

　　受中面内荷载作用的薄板,如图 9.4a 所示,边界中面内单位长度的法向荷载用 p_x、p_y 表示;单位长度的切向荷载用 p_{xy}、p_{yx} 表示,均以图示方向为正。根据

平衡条件 $\sum M_z = 0$ 得到 $p_{xy} = p_{yx}$。

　　在中性平衡微弯曲状态下,从图 9.4a 所示薄板的中面内取一平行六面体微元 $t\mathrm{d}x\mathrm{d}y$。其四个侧面上存在两组内力,一组是中面内力,包括轴向力 F_{Nx}、F_{Ny} 和剪力 F_{Qxy}、F_{Qyx},如图 9.4b 所示。根据小挠度的基本假定(2),又已知薄板弯曲时,不会在中面产生薄膜力或中面的内力,则中面内力与外荷载的关系是 $F_{Nx} = p_x$,$F_{Ny} = p_y$,$F_{Qxy} = p_{xy}$,$F_{Qyx} = p_{yx}$,$F_{Qxy} = F_{Qyx}$。另一组是薄板弯曲引起的内力,包括弯矩、扭矩和沿薄板法线方向的横剪力。为了分析简单起见,根据小挠度理论的基本假设,在建立平衡方程时,对这两组内力分别讨论,然后进行叠加。

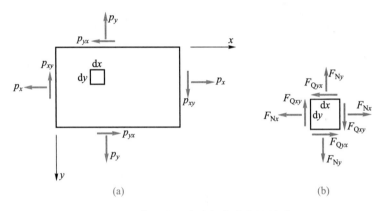

图 9.4　薄板中面内力与外荷载的关系

　　假设薄板在微弯曲状态下的挠度为 $w(x,y)$,它只是 x、y 的函数。薄板微元 $\mathrm{d}x\mathrm{d}y$ 变形后的形状如图 9.5a 所示,为清晰起见,图 9.5a 上只标出了第一组内力(中面内力)及其变化;第二组内力(弯曲引起的内力)及其变化,在图 9.5b 中标出。

　　首先,考虑 z 方向的力的平衡方程。由于变形微小,中面力与水平线夹角的正弦可近似等于夹角本身,余弦可近似等于 1。略去高阶微量后,中面力在 x 和 y 轴的分力的代数和均等于零。于是,F_{Nx} 在 z 方向的分力为

$$F_{Nx}\left(\frac{\partial w}{\partial x} + \frac{\partial^2 w}{\partial x^2}\mathrm{d}x\right)\mathrm{d}y - F_{Nx}\frac{\partial w}{\partial x}\mathrm{d}y = F_{Nx}\frac{\partial^2 w}{\partial x^2}\mathrm{d}x\mathrm{d}y$$

同理,F_{Ny} 在 z 方向的分力为 $F_{Ny}\dfrac{\partial^2 w}{\partial y^2}\mathrm{d}x\mathrm{d}y$,$F_{Qxy}$ 在 z 方向的分力为 $F_{Qxy}\dfrac{\partial^2 w}{\partial x\partial y}\mathrm{d}x\mathrm{d}y$,$F_{Qyx}$ 在 z 方向的分力为 $F_{Qyx}\dfrac{\partial^2 w}{\partial x\partial y}\mathrm{d}x\mathrm{d}y$。这样,所有中面力在 z 方向的分力之和为

$$\left(F_{Nx}\frac{\partial^2 w}{\partial x^2} + 2F_{Qxy}\frac{\partial^2 w}{\partial x\partial y} + F_{Ny}\frac{\partial^2 w}{\partial y^2}\right)\mathrm{d}x\mathrm{d}y \tag{9.15}$$

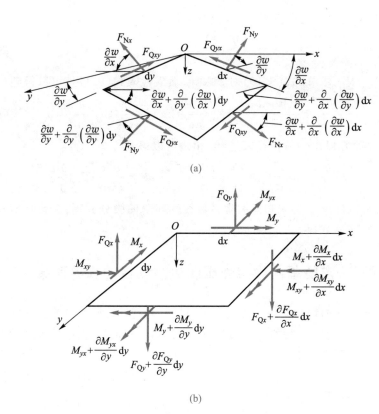

(a)

(b)

图 9.5 薄板微元的变形及内力

在弯曲内力作用下（图 9.5b），剪力在 z 方向的投影之和为

$$\left(\frac{\partial F_{Qx}}{\partial x}+\frac{\partial F_{Qy}}{\partial y}\right)\mathrm{d}x\mathrm{d}y \tag{9.16}$$

将式（9.15）和式（9.16）相加，化简后得到 z 方向的力的平衡方程为

$$\frac{\partial F_{Qx}}{\partial x}+\frac{\partial F_{Qy}}{\partial y}+F_{Nx}\frac{\partial^2 w}{\partial x^2}+2F_{Qxy}\frac{\partial^2 w}{\partial x\partial y}+F_{Ny}\frac{\partial^2 w}{\partial y^2}=0 \tag{9.17}$$

其次，分别考虑对 x、y 轴的力矩平衡方程。在图 9.5b 中，由对 x 轴的力矩平衡条件 $\sum M_x = 0$ 可以得到

$$\frac{\partial M_y}{\partial y}\mathrm{d}y\mathrm{d}x+\frac{\partial M_{xy}}{\partial x}\mathrm{d}x\mathrm{d}y-\frac{\partial F_{Qx}}{\partial x}\mathrm{d}x\left(\frac{1}{2}\mathrm{d}y\right)\mathrm{d}y-\left(F_{Qy}+\frac{\partial F_{Qy}}{\partial y}\mathrm{d}y\right)\mathrm{d}x\mathrm{d}y=0$$

略去高阶微量，化简后得

$$\frac{\partial M_y}{\partial y}+\frac{\partial M_{xy}}{\partial x}-F_{Qy}=0 \tag{9.18}$$

同理,由对 y 轴的力矩平衡条件 $\sum M_y = 0$ 可以得到

$$\frac{\partial M_x}{\partial x} + \frac{\partial M_{xy}}{\partial y} - F_{Qx} = 0 \tag{9.19}$$

将式(9.18)对 y 求导,式(9.19)对 x 求导,然后代入式(9.17),可以得到

$$\frac{\partial^2 M_x}{\partial x^2} + 2\frac{\partial^2 M_{xy}}{\partial x \partial y} + \frac{\partial^2 M_y}{\partial y^2} + F_{Nx}\frac{\partial^2 w}{\partial x^2} + 2F_{Qxy}\frac{\partial^2 w}{\partial x \partial y} + F_{Ny}\frac{\partial^2 w}{\partial y^2} = 0 \tag{9.20}$$

将力矩-位移方程式(9.14)代入式(9.20),可以得到

$$D\left(\frac{\partial^4 w}{\partial x^4} + 2\frac{\partial^4 w}{\partial x^2 \partial y^2} + \frac{\partial^4 w}{\partial y^4}\right) = F_{Nx}\frac{\partial^2 w}{\partial x^2} + 2F_{Qxy}\frac{\partial^2 w}{\partial x \partial y} + F_{Ny}\frac{\partial^2 w}{\partial y^2} \tag{9.21}$$

上式是薄板以挠度 w 为未知量的常系数线性四阶偏微分方程,它就是薄板的弹性屈曲平衡微分方程。

9.3　平衡法求解单向均匀受压四边简支板的临界荷载

图 9.6 为 x 向均匀受压四边简支板,尺寸为 $a \times b \times t$,加载边单位长度上作用的荷载为 p_x;四边支承条件容许薄板在平面内自由伸缩,当薄板屈曲时不会在中面内产生薄膜力。上节推导中已假定中面内力 F_{Nx} 以受拉为正,因此,中面内力 $F_{Nx} = -p_x$,$F_{Ny} = p_y = 0$,$F_{Qxy} = p_{xy} = 0$。代入式(9.21),x 向均匀受压四边简支板的弹性屈曲平衡微分方程为

$$D\left(\frac{\partial^4 w}{\partial x^4} + 2\frac{\partial^4 w}{\partial x^2 \partial y^2} + \frac{\partial^4 w}{\partial y^4}\right) + p_x\frac{\partial^2 w}{\partial x^2} = 0 \tag{9.22}$$

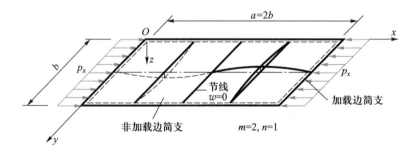

图 9.6　均匀受压简支板

对于四边简支板,四边的挠度、弯矩均为零,则边界条件为

当 $x = 0$ 和 $x = a$ 时,　$w = 0$,　$\frac{\partial^2 w}{\partial x^2} + \mu\frac{\partial^2 w}{\partial y^2} = 0$

$$当 \ y=0 \ 和 \ y=b \ 时，\quad w=0，\quad \frac{\partial^2 w}{\partial y^2}+\mu\frac{\partial^2 w}{\partial x^2}=0$$

由于薄板的边界均保持直线，故其曲率为零，即

$$当 \ x=0 \ 和 \ x=a \ 时，\quad \frac{\partial^2 w}{\partial y^2}=0$$

$$当 \ y=0 \ 和 \ y=b \ 时，\quad \frac{\partial^2 w}{\partial x^2}=0$$

故边界条件简化为

$$当 \ x=0 \ 和 \ x=a \ 时，\quad w=0，\quad \frac{\partial^2 w}{\partial x^2}=0 \qquad (9.23a)$$

$$当 \ y=0 \ 和 \ y=b \ 时，\quad w=0，\quad \frac{\partial^2 w}{\partial y^2}=0 \qquad (9.23b)$$

符合这些边界条件的板的挠曲面可用二重三角级数表示

$$w = \sum_{m=1}^{\infty}\sum_{n=1}^{\infty} A_{mn}\sin\frac{m\pi x}{a}\sin\frac{n\pi y}{b} \qquad (9.24)$$

$$(m=1,2,3,\cdots;n=1,2,3,\cdots)$$

式中，m、n 分别为板屈曲时在 x 和 y 方向的半波数，而 A_{mn} 为待定常数。

将式(9.24)代入式(9.22)，得到

$$\sum_{m=1}^{\infty}\sum_{n=1}^{\infty} A_{mn}\left(\frac{m^4\pi^4}{a^4}+2\frac{m^2 n^2\pi^4}{a^2 b^2}+\frac{n^4\pi^4}{b^4}-\frac{p_x}{D}\frac{m^2\pi^2}{a^2}\right)\sin\frac{m\pi x}{a}\sin\frac{n\pi y}{b}=0$$

$$(9.25)$$

$$(m=1,2,3,\cdots;n=1,2,3,\cdots)$$

上式中等号左边是无穷项之和，使此和为零的唯一方法是使每一项的系数为零，即

$$A_{mn}\left(\frac{m^4\pi^4}{a^4}+2\frac{m^2 n^2\pi^4}{a^2 b^2}+\frac{n^4\pi^4}{b^4}-\frac{p_x}{D}\frac{m^2\pi^2}{a^2}\right)$$

$$=A_{mn}\left[\pi^4\left(\frac{m^2}{a^2}+\frac{n^2}{b^2}\right)-\frac{p_x}{D}\frac{m^2\pi^2}{a^2}\right]=0 \qquad (9.26)$$

满足上式为零的条件是 $A_{mn}=0$，或上式方括号内算式为零。如果对所有的 $m=1,2,3,\cdots;n=1,2,3,\cdots$ 均有 $A_{mn}=0$，则 $w=0$，板件保持平直，符合中性平衡微弯状态，反映的是屈曲前平衡状态。因此求解临界荷载的条件是上式方括号内算式为零，即

$$\pi^4\left(\frac{m^2}{a^2}+\frac{n^2}{b^2}\right)-\frac{p_x}{D}\frac{m^2\pi^2}{a^2}=0$$

或

$$p_x = \frac{\pi^2 D}{b^2}\left(\frac{mb}{a}+\frac{n^2 a}{mb}\right)^2 \qquad (9.27)$$

由于临界荷载是板保持微弯状态的最小荷载,因而应取 $n=1$,即板失稳时在 y 方向只可能产生一个半波,则临界荷载为

$$p_{x,\mathrm{cr}} = \frac{\pi^2 D}{b^2}\left(\frac{mb}{a}+\frac{a}{mb}\right)^2 = \frac{\pi^2 D}{b^2}k \qquad (9.28)$$

相应的屈曲应力为

$$\sigma_{x,\mathrm{cr}} = \frac{p_{x,\mathrm{cr}}}{t} = \frac{k\pi^2 E}{12(1-\mu^2)(b/t)^2} \qquad (9.29)$$

式中,k 为屈曲系数,且

$$k = \left(\frac{mb}{a}+\frac{a}{mb}\right)^2 \qquad (9.30)$$

由此可见,屈曲系数 k 是长宽比 a/b 的函数。也就是说,临界荷载与长宽比 a/b 有关。根据式(9.30),对每一个半波 $m=1,2,3,\cdots$ 可以绘制出 $k\text{-}a/b$ 的关系曲线,如图 9.7 所示。当给定长宽比 a/b 后,什么情况下 k 取得最小值呢?由 $\dfrac{\mathrm{d}k}{\mathrm{d}m}=0$,得 $2\left(\dfrac{mb}{a}+\dfrac{a}{mb}\right)\left(\dfrac{b}{a}+\dfrac{a}{m^2 b}\right)=0$,可解出 $m=a/b$,再代入式(9.29),得 $k_{\min}=4$。即当 $m=a/b$ 时,$k_{\min}=4$。当 m 是整数 $1,2,3,\cdots$ 时,也就是说当给定长宽比 a/b 为整数倍数时,屈曲系数 k 取得最小值 4,此时临界荷载 $p_{x,\mathrm{cr}}$ 也取得最小值。如 $a/b=1$ 时,薄板屈曲成 1 个半波;$a/b=2$ 时,薄板屈曲成 2 个半波;以此类推。其屈曲系数 k 都为 4,见图 9.7 中曲线最小点。当长宽比 a/b 为整数倍数时,薄板将屈曲成若干个正方形,每个正方形之间的波节线是挠度为零的直线(图 9.6),相邻波段在节线处形成反弯点,因此节线也可看成简支边。

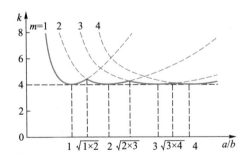

图 9.7　均匀受压四边简支板的 $k\text{-}a/b$ 关系曲线

从图 9.7 可以看出,当 $m=a/b$ 不是整数时,屈曲系数 $k>4$,其具体数值由图中包络线(实线部分)决定。根据包络线可找出屈曲系数,然后由式(9.28)算出

相应的临界荷载。当 $m=a/b$ 不是整数时,要判断其可能出现的半波数,使屈曲系数最小的半波数才是真正可能出现的半波数。例如,从包络线可以看出,当 $a/b \leqslant \sqrt{2}$ 时,薄板屈曲成 1 个半波;当 $\sqrt{2} < a/b \leqslant \sqrt{6}$ 时,薄板屈曲成 2 个半波;以此类推。只有当板的长度小于宽度,即 $a/b < 1$ 时,k 值的变化很大。当长宽比 a/b 较大时(如 $a/b > 4$),k 变化不大,包络线逼近 k 的最小值 4,可以近似取 $k=4$。

由式(9.29)可知,均匀受压板的屈曲应力与板的宽厚比 b/t 的平方成反比,而与板的长度无关;当板厚 t 一定时,它与板宽度的平方成反比。这与轴心受压杆件的屈曲应力是类似的,轴心受压杆件的屈曲应力与杆件的长细比 λ 的平方成反比,当杆件截面尺寸一定时,它与杆件长度的平方成反比。由此可见,要提高四边简支板(如轴心受压工字形杆件的腹板)的稳定性,最有效的方法是减小宽度 b,即设置纵向加劲肋。一般情况下长杆件的腹板设置横向加劲肋效果是不明显的,除非将横向加劲肋设置得很密,使其间距 a 小于其宽度 b,但这又是很不经济的。

当薄板的边界条件不是简支,而是表 9.1 中几种特殊情况时(一般认为薄板的加载边是简支的),同样可以推导出临界应力公式(9.29),但其中屈曲系数 k 不同。因此,式(9.29)实际上是临界应力普遍公式,对任何薄板都适用。但是,当薄板的边界条件或荷载条件不是上述几种特殊情况时,采用上述平衡法求临界荷载,可能很复杂,甚至得不到闭合解,这时就要采用能量法或其他数值方法。下面介绍能量法求解薄板的临界荷载。

表 9.1　加载边简支均匀受压矩形薄板的屈曲系数 k

讨论情况	1	2	3	4	5
非加载边支承条件	两边简支	一边简支 一边固定	两边固定	一边简支 一边自由	一边固定 一边自由
k	4.00	5.42	6.97	0.425	1.277

9.4　用瑞利-里茨法计算薄板的临界荷载

9.4.1　求解薄板屈曲问题的瑞利-里茨法

薄板在微弯状态时的总势能 E_p 是板的应变能 E_ε 和外力势能 E_V 之和,即

$$E_p = E_\varepsilon + E_V$$

先分析薄板的应变能 E_ε。对于弯曲薄板,根据小挠度理论,σ_z、τ_{zx} 和 τ_{zy} 及相应的 ε_z、γ_{zx} 和 γ_{zy} 可以忽略不计。根据材料力学知识,薄板单位体积的应变能(即比能)为 $\dfrac{1}{2}(\sigma_x \varepsilon_x + \sigma_y \varepsilon_y + \tau_{xy} \gamma_{xy})$。因此,薄板的应变能为

$$E_\varepsilon = \frac{1}{2} \iiint (\sigma_x \varepsilon_x + \sigma_y \varepsilon_y + \tau_{xy} \gamma_{xy}) \, dxdydz$$

将应力-应变关系式(9.10)代入上式,得到

$$E_\varepsilon = \frac{1}{2E} \iiint [\sigma_x^2 + \sigma_y^2 - 2\mu\sigma_x\sigma_y + 2(1+\mu)\tau_{xy}^2] \, dxdydz$$

再将应力-位移关系式(9.12)代入上式,并沿厚度 t 进行积分,得到用挠度 w 表示的应变能表达式为

$$E_\varepsilon = \frac{D}{2} \int_0^a \int_0^b \left\{ \left(\frac{\partial^2 w}{\partial x^2} + \frac{\partial^2 w}{\partial y^2} \right)^2 - 2(1-\mu) \left[\frac{\partial^2 w}{\partial x^2} \frac{\partial^2 w}{\partial y^2} - \left(\frac{\partial^2 w}{\partial x \partial y} \right)^2 \right] \right\} dxdy$$

$$(9.31)$$

外力势能 E_V 为作用在薄板边缘的外力 p_x、p_y 和 p_{xy} 所作的功的负值的和,薄板的边界无论是简支还是固支,在 xy 平面内是可以自由移动的。因此,薄板的外力势能为

$$E_V = -\int_0^b p_x \int_0^a \frac{1}{2} \left(\frac{\partial w}{\partial x} \right)^2 dxdy - \int_0^a p_y \int_0^b \frac{1}{2} \left(\frac{\partial w}{\partial y} \right)^2 dxdy -$$

$$\int_0^b p_{xy} \int_0^a \frac{1}{2} \frac{\partial w}{\partial x} \frac{\partial w}{\partial y} dxdy - \int_0^a p_{yx} \int_0^b \frac{1}{2} \frac{\partial w}{\partial x} \frac{\partial w}{\partial y} dxdy$$

$$= -\frac{1}{2} \int_0^a \int_0^b \left[p_x \left(\frac{\partial w}{\partial x} \right)^2 + p_y \left(\frac{\partial w}{\partial y} \right)^2 + 2p_{xy} \frac{\partial w}{\partial x} \frac{\partial w}{\partial y} \right] dxdy \quad (9.32)$$

式中,括号内第一项积分是由于薄板弯曲后边界沿 x 方向靠近时 p_x 作的功;第二项是由于薄板弯曲后边界沿 y 方向靠近时 p_y 作的功;第三项是由于薄板剪切角变化 p_{xy} 作的功。因此,薄板在微弯状态时的总势能为

$$E_p = E_\varepsilon + E_V$$

$$= \frac{D}{2} \int_0^a \int_0^b \left\{ \left(\frac{\partial^2 w}{\partial x^2} + \frac{\partial^2 w}{\partial y^2} \right)^2 - 2(1-\mu) \left[\frac{\partial^2 w}{\partial x^2} \frac{\partial^2 w}{\partial y^2} - \left(\frac{\partial^2 w}{\partial x \partial y} \right)^2 \right] \right\} dxdy -$$

$$\frac{1}{2} \int_0^a \int_0^b \left[p_x \left(\frac{\partial w}{\partial x} \right)^2 + p_y \left(\frac{\partial w}{\partial y} \right)^2 + 2p_{xy} \frac{\partial w}{\partial x} \frac{\partial w}{\partial y} \right] dxdy$$

$$(9.33)$$

现假定薄板挠度函数为

$$w = \sum_{m=1}^\infty \sum_{n=1}^\infty A_{mn} \varphi(x, y) \tag{9.34}$$

采用瑞利-里茨法求解板的屈曲荷载时,要求所假定的挠度函数式(9.34)至少应符合板的几何边界条件。

将式(9.34)代入薄板的总势能 E_p 的计算公式(9.33),积分后利用势能驻值原理,得到如下齐次线性代数方程组

$$\left.\begin{array}{l} \dfrac{\partial E_\mathrm{p}}{\partial A_{11}} = 0 \\[2mm] \dfrac{\partial E_\mathrm{p}}{\partial A_{12}} = 0 \\[2mm] \cdots\cdots\cdots \\[2mm] \dfrac{\partial E_\mathrm{p}}{\partial A_{mn}} = 0 \end{array}\right\} \qquad (9.35)$$

齐次线性代数方程组(9.35)有非零解的条件是其系数行列式为零,从而得到板的屈曲方程,求解屈曲方程就得到了薄板的屈曲荷载。

9.4.2 均匀受压三边简支一边自由矩形板的屈曲荷载

图 9.8 为两个加载边和一个非加载边简支、另一个非加载边自由的矩形薄板,承受均匀荷载。

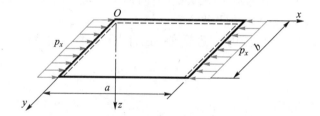

图 9.8 均匀受压三边简支一边自由板

因为 $p_y = p_{xy} = 0$,则由式(9.33),可得板的总势能表达式为

$$E_\mathrm{p} = \frac{D}{2}\int_0^a\int_0^b\left\{\left(\frac{\partial^2 w}{\partial x^2} + \frac{\partial^2 w}{\partial y^2}\right)^2 - 2(1-\mu)\left[\frac{\partial^2 w}{\partial x^2}\frac{\partial^2 w}{\partial y^2} - \left(\frac{\partial^2 w}{\partial x\partial y}\right)^2\right]\right\}\mathrm{d}x\mathrm{d}y -$$
$$\frac{1}{2}\int_0^a\int_0^b p_x\left(\frac{\partial w}{\partial x}\right)^2\mathrm{d}x\mathrm{d}y \qquad (9.36)$$

假定板的挠曲面函数为

$$w = Ay\sin\frac{m\pi x}{a} \qquad (9.37)$$

显然,这个函数符合几何边界条件(不能满足全部力学边界条件),即

当 $x = 0$ 和 a 时,$w = 0$

当 $y = 0$ 时, $w = 0$

当 $y = b$ 时, $w \neq 0$

将式(9.37)代入式(9.36),积分后得

$$E_\mathrm{p} = \frac{D}{2} A^2 \frac{m^2\pi^2}{a^2} \left[\frac{m^2\pi^2 b^2}{6a^2} + (1-\mu) \right] ab - \frac{p_x}{12} A^2 \frac{m^2\pi^2}{a^2} ab^3$$

由势能驻值原理 $\dfrac{\mathrm{d}E_\mathrm{p}}{\mathrm{d}A} = 0$，得

$$A \left\{ \frac{Dm^2\pi^2 b}{a} \left[\frac{m^2\pi^2 b^2}{a^2} + (1-\mu) \right] - p_x \frac{m^2\pi^2 b^3}{a} \right\} = 0$$

如果 $A = 0$，则 $w = 0$，不是中性平衡的微弯状态，即不是问题的解。因此，$A \neq 0$，上式中括号项必为零。由此可解得

$$p_x = \left[\frac{m^2\pi^2 b^3}{a^2} + 6(1-\mu) \right] \frac{D}{b^2}$$

令 $m = 1$，可得 p_x 的最小值

$$p_{x,\mathrm{cr}} = \frac{\pi^2 D}{b^2} \left[\left(\frac{b}{a} \right)^2 + \frac{6}{\pi^2} (1-\mu) \right] \tag{9.38}$$

薄板在 $m = 1$ 时屈曲，说明对于均匀受压三边简支一边自由矩形薄板总是在 x 方向屈曲成一个半波，这与板的长度无关。

比较式 (9.28)，均匀受压三边简支一边自由矩形板屈曲系数为

$$k = \left(\frac{b}{a} \right)^2 + \frac{6}{\pi^2} (1-\mu)$$

若将 $\mu = 0.3$ 代入，则

$$k = 0.425 + \left(\frac{b}{a} \right)^2 \tag{9.39}$$

显然，当 $a = b$ 时

$$k = 0.425 \tag{9.40}$$

9.4.3　非均匀受压四边简支矩形薄板的屈曲荷载

图 9.9 为单向非均匀受压四边简支薄板。在轴向压力和弯矩共同作用下，加载边的应力为线性分布，最大压应力为 σ_1，下边缘的应力为 σ_2，若规定压应力取正值，拉应力为负值，并定义 $\alpha_0 = \dfrac{\sigma_1 - \sigma_2}{\sigma_1}$ 为应力梯度（或称应力不均匀系数），则距上边缘 y 处的应力为

$$\sigma = \sigma_1 \left(1 - \alpha_0 \frac{y}{b} \right) \tag{9.41}$$

式中，当 $\alpha_0 = 0$ 时，为均匀受压；当 $\alpha_0 = 2$ 时，为纯弯矩作用；压弯组合时，$0 < \alpha_0 < 2$。

单向受压矩形薄板屈曲时，将形成若干个相等的半波，每一个半波的板段可看成一个四边简支的矩形板。这样，可在一个半波长度 a 范围内研究薄板的屈

曲问题,使假设的挠度函数简化。为此,设挠度函数为

$$w = \sin\frac{\pi x}{a}\sum_{n=1}^{\infty}A_n\sin\frac{n\pi y}{b} \tag{9.42}$$

此式符合简支边的边界条件。

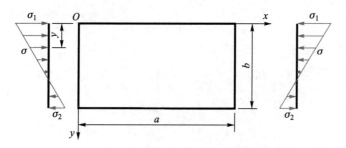

图 9.9 非均匀受压四边简支板

作用于板中面的单位长度的荷载 $p_x = \sigma_1 t(1-\alpha_0 y/b)$,$p_y = p_{xy} = 0$,由总势能公式得到

$$E_p = \frac{D}{2}\int_0^a\int_0^b\left\{\left(\frac{\partial^2 w}{\partial x^2}+\frac{\partial^2 w}{\partial y^2}\right)^2 - 2(1-\mu)\left[\frac{\partial^2 w}{\partial x^2}\frac{\partial^2 w}{\partial y^2}-\left(\frac{\partial^2 w}{\partial x\partial y}\right)^2\right]\right\}\mathrm{d}x\mathrm{d}y -$$

$$\frac{1}{2}\int_0^a\int_0^b p_x\left(\frac{\partial w}{\partial x}\right)^2\mathrm{d}x\mathrm{d}y \tag{9.43}$$

式(9.42)的各阶导数如下:

$$\frac{\partial^2 w}{\partial x^2} = -\left(\frac{\pi}{a}\right)^2\sin\frac{\pi x}{a}\sum_{n=1}^{\infty}A_n\sin\frac{n\pi y}{b}$$

$$\frac{\partial^2 w}{\partial y^2} = -\sin\frac{\pi x}{a}\sum_{n=1}^{\infty}A_n\left(\frac{n\pi}{b}\right)^2\sin\frac{n\pi y}{b}$$

$$\frac{\partial^2 w}{\partial x\partial y} = \cos\frac{\pi x}{a}\sum_{n=1}^{\infty}\frac{\pi^2 n}{ab}A_n\cos\frac{n\pi y}{b}$$

$$\frac{\partial w}{\partial x} = \frac{\pi}{a}\cos\frac{\pi x}{a}\sum_{n=1}^{\infty}A_n\sin\frac{n\pi y}{b}$$

$$\left(\frac{\partial w}{\partial x}\right)^2 = \left(\frac{\pi}{a}\right)^2\cos^2\left(\frac{\pi x}{a}\right)\sum_{\substack{j=1\\n=1}}^{\infty}A_jA_n\sin\frac{j\pi y}{b}\sin\frac{n\pi y}{b}$$

将上述导数代入总势能表达式(9.43),进行积分,并利用函数的以下特性

$$\int_0^a\sin\frac{j\pi x}{a}\sin\frac{n\pi x}{a}\mathrm{d}x = 0 \qquad (j\neq n)$$

$$\int_0^a\cos\frac{n\pi x}{a}\cos\frac{n\pi x}{a}\mathrm{d}x = 0$$

$$\int_0^a \sin^2\left(\frac{n\pi x}{a}\right) dx = \frac{a}{2}$$

$$\int_0^a y \sin\frac{j\pi y}{a} \sin\frac{n\pi y}{a} dy = \begin{cases} b^2/4 & （当 j = n 时） \\ 0 & （当 j + n 为偶数时） \\ -\dfrac{4b^2}{\pi^2}\dfrac{jn}{(j^2 - n^2)^2} & （当 j + n 为奇数时） \end{cases}$$

得到

$$E_p = \frac{\pi^4}{8} Dab \sum_{n=1}^{\infty} A_n^2 \left(\frac{1}{a^2} + \frac{n^2}{b^2}\right)^2 - \frac{\pi^2}{8}\frac{b}{a}\sigma_1 t \sum_{n=1}^{\infty} A_n^2 +$$

$$\frac{\sigma_1 t}{4}\frac{\pi^2}{ab}\alpha_0 \left[\frac{b^2}{4}\sum_{n=1}^{\infty} A_n^2 - \frac{8b^2}{\pi^2}\sum_{j=1}^{\infty}\sum_{n=1}^{\infty}\frac{jnA_jA_n}{(j^2 - n^2)^2}\right] \tag{9.44}$$

式中，$n = 1,2,3,\cdots,j$ 只取使 $(j+n)$ 为奇数的数值。

为了便于得到近似解，取二重三角级数的前三项，即 $n = 1,2,3$，由势能驻值条件 $\dfrac{\partial E_p}{\partial A_1} = 0, \dfrac{\partial E_p}{\partial A_2} = 0, \dfrac{\partial E_p}{\partial A_3} = 0$，得到齐次线性代数方程组

$$\left.\begin{array}{l} \left[D\pi^4\left(\dfrac{1}{a^2}+\dfrac{1}{b^2}\right)^2 - \sigma_1 t\dfrac{2-\alpha_0}{2}\dfrac{\pi^2}{a^2}\right]A_1 + \sigma_1 t\dfrac{16\alpha_0}{9a^2}A_2 = 0 \\[3mm] \sigma_1 t\dfrac{16\alpha_0}{9a^2}A_1 + \left[D\pi^4\left(\dfrac{1}{a^2}+\dfrac{4}{b^2}\right)^2 - \sigma_1 t\dfrac{2-\alpha_0}{2}\dfrac{\pi^2}{a^2}\right]A_2 + \sigma_1 t\dfrac{48\alpha_0}{25a^2}A_3 = 0 \\[3mm] \sigma_1 t\dfrac{48\alpha_0}{25a^2}A_2 + \left[D\pi^4\left(\dfrac{1}{a^2}+\dfrac{9}{b^2}\right)^2 - \sigma_1 t\dfrac{2-\alpha_0}{2}\dfrac{\pi^2}{a^2}\right]A_3 = 0 \end{array}\right\} \tag{9.45}$$

当给定 α_0 后，由上式有非零解，即令上式系数行列式为零，可求出屈曲荷载或临界应力表达式为

$$\sigma_{1,cr} = k\frac{\pi^2 D}{b^2 t} = k\frac{\pi^2 E}{12(1-\mu^2)}\left(\frac{t}{b}\right)^2 \tag{9.46}$$

对不同长宽比 a/b、不同应力梯度 α_0，由上式可反算出屈曲系数 k，如表 9.2 所示。

表 9.2　非均匀受压简支矩形板屈曲系数 k

α_0 \ a/b	0.4	0.5	0.6	2/3	0.75	0.8	0.9	1.0	1.5
2	29.1	25.6	24.1	23.9	24.1	24.4	25.6	27.1*	24.1
4/3	18.7		12.9		11.5	11.2		11.0	11.5
1	15.1		9.7		8.4	8.1		7.8	8.4
4/5	13.3		8.3		7.1	6.9		6.6	7.1
2/3	10.8		7.1		6.1	6.0		5.8	6.1

从表 9.2 中可以看出,对于受纯弯曲($\alpha_0 = 2$)的板件,屈曲波长为板宽的 2/3(即长宽比为 2/3)时,屈曲系数取得最小值 $k = 23.9$,因此,受纯弯曲的长板将屈曲成一个波长为 2/3 倍板宽的半波。还需注意到 $a/b = 1.0$ 时的屈曲系数大于相邻两个数据,说明长宽比 $a/b = 0.9$ 时,屈曲成一个半波;$a/b = 1.5$ 时,屈曲成两个半波。除受纯弯曲情况外,屈曲系数最小值均发生在 $a/b = 1.0$ 时,这与均匀受压情况类似,长板将屈曲成若干个正方形。在表 9.2 中,屈曲系数最小值已用下画线标出。标 * 数据是作者计算数据,铁摩辛柯经典解是 25.6。作者根据铁摩辛柯理论进行了重新计算,得到了与作者计算相同的数据,说明铁摩辛柯的计算有误。

9.5 用迦辽金法计算薄板的临界荷载

9.5.1 求解薄板屈曲问题的迦辽金法

板的平衡偏微分方程为

$$L(w) = 0 \tag{9.47}$$

假设板的挠度函数为

$$w = \sum_{i=1}^{n} A_i \varphi_i(x, y) \tag{9.48}$$

采用迦辽金法求解板的屈曲荷载时,要求所假定的挠度函数式(9.48)既要符合板的几何边界条件又要符合板的力学边界条件。

建立迦辽金方程组为

$$\left. \begin{aligned} \int_0^a \int_0^b L(w) \varphi_1(x, y) \, dx dy &= 0 \\ \int_0^a \int_0^b L(w) \varphi_2(x, y) \, dx dy &= 0 \\ \cdots\cdots\cdots\cdots \\ \int_0^a \int_0^b L(w) \varphi_n(x, y) \, dx dy &= 0 \end{aligned} \right\} \tag{9.49}$$

将迦辽金方程组(9.49)积分后,可以得到一组关于 A_1、A_2、$\cdots$、A_n 的齐次线性代数方程组,为保证 A_i 有非零解,系数行列式必为零,则得到板的屈曲方程,进而解出屈曲荷载。

9.5.2 均匀受压两加载边简支、两非加载边固定的矩形板的屈曲荷载

图 9.10 为均匀受压两加载边简支两非加载边固定的矩形板,中面内力

$F_{Nx} = -p_x, F_{Ny} = p_y = 0, F_{Qxy} = p_{xy} = 0$。由式(9.21)得到此板的平衡微分方程为

$$L(w) = D\left(\frac{\partial^4 w}{\partial x^4} + 2\frac{\partial^4 w}{\partial x^2 \partial y^2} + \frac{\partial^4 w}{\partial y^4}\right) + p_x\frac{\partial^2 w}{\partial x^2} = 0 \tag{9.50}$$

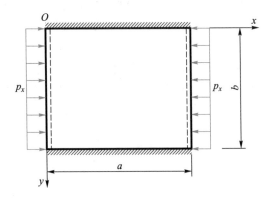

图 9.10　均匀受压两边简支两边固定板

假定挠度函数

$$w = A\sin\frac{i\pi x}{a}\sin^2\frac{\pi y}{b} \tag{9.51}$$

显然,挠度函数式(9.51)满足几何边界条件

当 $x = 0$ 和 $x = a$ 时,　$w = 0$

当 $y = 0$ 和 $y = b$ 时,　$w = 0$,　$\frac{\partial w}{\partial y} = 0$

也满足力学边界条件[参见式(9.23)]

当 $x = 0$ 和 $x = a$ 时,　$\frac{\partial^2 w}{\partial x^2} = 0$

则建立迦辽金方程

$$\int_0^a\int_0^b L(w)\sin\frac{i\pi x}{a}\sin^2\frac{\pi y}{b}\mathrm{d}x\mathrm{d}y$$

$$= \int_0^a\int_0^b\left[D\left(\frac{\partial^4 w}{\partial x^4} + 2\frac{\partial^4 w}{\partial x^2 \partial y^2} + \frac{\partial^4 w}{\partial y^4}\right) + p_x\frac{\partial^2 w}{\partial x^2}\right] \times \sin\frac{i\pi x}{a}\sin^2\frac{\pi y}{b}\mathrm{d}x\mathrm{d}y = 0 \tag{9.52}$$

积分后得到

$$p_x = \frac{\pi^2 D}{b^2}\left(\frac{i^2 b^2}{a^2} + \frac{8}{3} + \frac{16a^2}{3i^2 b^2}\right) \tag{9.53}$$

在式(9.51)中,没有给定 i 值,式(9.53)就是与不同 i 值相对应的临界荷

载。显然,可以选择合适的 i 值,找出最小的临界荷载。为此,令 $\dfrac{\mathrm{d}p_x}{\mathrm{d}(i^2)}=0$,得到 $i^2=\dfrac{4a^2}{\sqrt{3b^2}}$(即 $i=1.52\dfrac{a}{\sqrt{b}}$),代入上式,得到 F_{Nx} 的最小临界荷载为

$$p_{x,\mathrm{cr}}=7.283\frac{\pi^2 D}{b^2} \tag{9.54}$$

与精确解 $p_{x,\mathrm{cr}}=6.97\dfrac{\pi^2 D}{b^2}$ 只相差 4%,这是因为,挠度函数式(9.51)只取了一项, 如果挠度函数式 w 由一项增加为两项或更多项,就可以大大提高解的计算 精度。

9.5.3 均匀受剪四边简支矩形板的屈曲荷载

图 9.11 为均匀受剪的四边简支板,板在剪切荷载作用下,沿对角线方向将 产生斜向压应力(主压应力方向),导致薄板在对角线方向因受压而屈曲。已知 板的中面内力 $F_{Nx}=-p_x=0$,$F_{Ny}=p_y=0$,$F_{Qxy}=p_{xy}$。则由式(9.21),板的平衡微分 方程为

$$L(w)=\frac{\partial^4 w}{\partial x^4}+2\frac{\partial^4 w}{\partial x^2 \partial y^2}+\frac{\partial^4 w}{\partial y^4}-\frac{2p_{xy}}{D}\frac{\partial^2 w}{\partial x \partial y}=0 \tag{9.55}$$

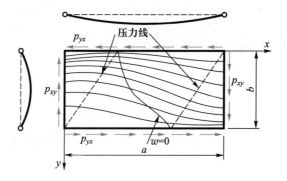

图 9.11 均匀受剪四边简支板

对均匀受剪的四边简支正方形板,假定挠曲面函数为

$$w=A_1\sin\frac{\pi x}{a}\sin\frac{\pi y}{a}+A_2\sin\frac{2\pi x}{a}\sin\frac{2\pi y}{a} \tag{9.56}$$

挠度函数式(9.56)满足均匀受剪四边简支正方形板的几何边界条件和力学边 界条件。

挠度函数的各阶导数为

$$\frac{\partial^4 w}{\partial x^4} = \frac{\partial^4 w}{\partial y^4} = \frac{\partial^4 w}{\partial x^2 \partial y^2} = A_1\left(\frac{\pi}{a}\right)^4 \sin\frac{\pi x}{a}\sin\frac{\pi y}{a} + A_2\left(\frac{2\pi}{a}\right)^4 \sin\frac{2\pi x}{a}\sin\frac{2\pi y}{a}$$

$$\frac{\partial^2 w}{\partial x \partial y} = A_1\left(\frac{\pi}{a}\right)^2 \cos\frac{\pi x}{a}\cos\frac{\pi y}{a} + A_2\left(\frac{2\pi}{a}\right)^2 \cos\frac{2\pi x}{a}\cos\frac{2\pi y}{a}$$

将上述各阶导数代入平衡微分方程(9.55),得

$$L(w) = 4\left[A_1\left(\frac{\pi}{a}\right)^4 \sin\frac{\pi x}{a}\sin\frac{\pi y}{a} + A_2\left(\frac{2\pi}{a}\right)^4 \sin\frac{2\pi x}{a}\sin\frac{2\pi y}{a}\right] -$$

$$\frac{2p_{xy}}{D}\left[A_1\left(\frac{\pi}{a}\right)^2 \cos\frac{\pi x}{a}\cos\frac{\pi y}{a} + A_2\left(\frac{2\pi}{a}\right)^2 \cos\frac{2\pi x}{a}\cos\frac{2\pi y}{a}\right]$$

$$= 0 \tag{9.57}$$

迦辽金方程组为

$$\left.\begin{aligned} \int_0^a\int_0^a L(w)\sin\frac{\pi x}{a}\sin\frac{\pi y}{a}\mathrm{d}x\mathrm{d}y = 0 \\ \int_0^a\int_0^a L(w)\sin\frac{2\pi x}{a}\sin\frac{2\pi y}{a}\mathrm{d}x\mathrm{d}y = 0 \end{aligned}\right\} \tag{9.58}$$

将式(9.57)代入式(9.58),并利用以下积分

$$\int_0^a \sin^2\left(\frac{m\pi x}{a}\right)\mathrm{d}x = \frac{a}{2}, \quad \int_0^a \sin\frac{m\pi x}{a}\sin\frac{n\pi x}{a}\mathrm{d}x = 0 \qquad (m \neq n)$$

$$\int_0^a \cos\frac{n\pi x}{a}\cos\frac{n\pi x}{a}\mathrm{d}x = 0, \int_0^a \cos\frac{2\pi x}{a}\sin\frac{\pi x}{a}\mathrm{d}x = -\frac{2a}{3\pi}, \int_0^a \sin\frac{2\pi x}{a}\cos\frac{\pi x}{a}\mathrm{d}x = -\frac{4a}{3\pi}$$

得到

$$\left.\begin{aligned} \frac{\pi^4}{a^2}A_1 - \frac{32p_{xy}}{9D}A_2 = 0 \\ -\frac{32p_{xy}}{9D}A_1 + \frac{16\pi^4}{a^2}A_2 = 0 \end{aligned}\right\}$$

系数 A_1、A_2 不同时为零的条件是其系数行列式为零,由此得到板的屈曲方程

$$\begin{vmatrix} \dfrac{\pi^4}{a^2} & \dfrac{-32p_{xy}}{9D} \\ \dfrac{-32p_{xy}}{9D} & \dfrac{16\pi^4}{a^2} \end{vmatrix} = 0 \tag{9.59}$$

解得四边简支正方形板的剪切屈曲的临界荷载为

$$p_{xy,\mathrm{cr}} = \frac{9}{8}\frac{\pi^4 D}{a^2} = 11.1\frac{\pi^2 D}{a^2} \tag{9.60}$$

与剪切屈曲的精确解 $p_{xy,\mathrm{cr}} = 9.34\dfrac{\pi^2 D}{a^2}$ 相差 19%,误差较大,这主要是由于所假设

的挠度函数式(9.56)中只有两个参数。如果增加挠度函数的项数,可提高解的精确度,但计算会更复杂。

根据对均匀受剪简支矩形板的精确分析,可以得到临界荷载的一般表达式为

$$p_{xy,\mathrm{cr}} = k_s \frac{\pi^2 D}{b^2} \qquad (9.61)$$

相应的临界应力表达式为

$$\tau_{\mathrm{cr}} = k_s \frac{\pi^2 E}{12(1-\mu^2)} \left(\frac{t}{b}\right)^2 \qquad (9.62)$$

式中,a 为板的长边;b 为板的短边;t 为板的厚度;k_s 为剪切屈曲系数。剪切屈曲系数 k_s 的计算公式见表 9.3,k_s 与长宽比 a/b 的变化规律如图 9.12 所示。

表 9.3　剪切屈曲系数 k_s 的计算公式

边界条件	k_s 公式	
四边简支	$a \geqslant b$ 时	$k_s = 5.34 + 4.0(b/a)^2$
	$a \leqslant b$ 时	$k_s = 4.0 + 5.34(b/a)^2$
四边固定	$a \geqslant b$ 时	$k_s = 8.98 + 5.6(b/a)^2$
	$a \leqslant b$ 时	$k_s = 5.6 + 8.98(b/a)^2$

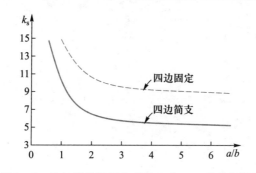

图 9.12　均匀受剪板屈曲系数 k_s 与 a/b 的变化规律

习　　题

9.1　试求等厚度四边简支矩形板的临界荷载。板沿 x 方向长度为 a,沿 y 方向宽度为 b,$a = 2.5b$,板厚为 t,在 x 方向承受均布压力 $F_{\mathrm{N}x}$。设挠度为

$$w = \sum_{m=1}^{\infty} \sum_{n=1}^{\infty} A_{mn} \sin \frac{m\pi x}{a} \sin \frac{n\pi y}{b}$$

9.2　试用瑞利–里茨法求解题 9.1 中薄板的临界荷载。设挠度为

$$w = A_1 \sin\frac{\pi x}{a}\sin\frac{\pi y}{b} + A_2\sin\frac{2\pi x}{a}\sin\frac{2\pi y}{b}$$

第 9 章
习题答案

参考文献

[1]　铁摩辛柯 S. 弹性稳定理论[M]. 张福范, 译. 北京: 科学出版社, 1958.

[2]　柏拉希 F. 金属结构的屈曲强度[M]. 同济大学钢木结构教研室, 译. 北京: 科学出版社, 1965.

[3]　Alexander C. Principles of structural stability theory[M]. New Jersey: Prentice-Hall Inc., 1974.

[4]　Chen W F, Liu E M. Structural stability: Theory and implementation [M]. New York: Elsevier Science Publishing Co. Inc., 1987.

[5]　夏志斌, 潘有昌. 结构稳定理论[M]. 北京: 高等教育出版社, 1988.

[6]　刘光栋, 罗汉泉. 杆系结构稳定[M]. 北京: 人民交通出版社, 1988.

[7]　周绪红, 郑宏. 钢结构稳定[M]. 北京: 中国建筑工业出版社, 2004.

[8]　周绪红, 王世纪. 薄壁构件稳定理论及其应用[M]. 北京: 科学出版社, 2009.

[9]　张耀春, 周绪红. 钢结构设计原理[M]. 北京: 高等教育出版社, 2004.

[10]　王国周, 瞿履谦. 钢结构: 原理与设计[M]. 北京: 清华大学出版社, 1993.

郑重声明

高等教育出版社依法对本书享有专有出版权。任何未经许可的复制、销售行为均违反《中华人民共和国著作权法》,其行为人将承担相应的民事责任和行政责任;构成犯罪的,将被依法追究刑事责任。为了维护市场秩序,保护读者的合法权益,避免读者误用盗版书造成不良后果,我社将配合行政执法部门和司法机关对违法犯罪的单位和个人进行严厉打击。社会各界人士如发现上述侵权行为,希望及时举报,本社将奖励举报有功人员。

反盗版举报电话　(010)58581999　58582371　58582488
反盗版举报传真　(010)82086060
反盗版举报邮箱　dd@hep.com.cn
通信地址　北京市西城区德外大街4号
　　　　　高等教育出版社法律事务与版权管理部
邮政编码　100120

防伪查询说明

用户购书后刮开封底防伪涂层,利用手机微信等软件扫描二维码,会跳转至防伪查询网页,获得所购图书详细信息。用户也可将防伪二维码下的20位密码按从左到右、从上到下的顺序发送短信至106695881280,免费查询所购图书真伪。

反盗版短信举报

编辑短信"JB,图书名称,出版社,购买地点"发送至10669588128

防伪客服电话

(010)58582300